# KETTENFAHRZEUGE
## DER BUNDESWEHR SEIT 1955

Jürgen Plate

Motor
buch
Verlag

Einbandgestaltung: Frank Zähringer

Bildnachweis: Siehe gleichnamiges Kapitel am Buchende.



ISBN 978-3-613-03766-3



1. Auflage 2015

Sie finden uns im Internet unter http://www.motorbuch-verlag.de



Lektorat: Joachim Köster
Innengestaltung: Monika Meier
Druck und Bindung: Livonia Print, 1002 Riga
Printed in Latvia

# Bildnachweis

## *1. Bundesdienststellen*

| | |
|---|---|
| (01) | Artillerieschule Idar-Oberstein |
| (03) | Bundesamt für Wehrtechnik und Beschaffung, Koblenz |
| (05) | Heeresflugabwehrschule, Rendsburg |
| (06) | Informations- und Medienzentrale der Bundeswehr, – Bildstelle |
| (06A) | Informations- und Medienzentrale der Bundeswehr, – Detmar Modes |
| (14) | Logistikschule der Bundeswehr |
| (15) | Panzertruppenschule, Munster |
| (18) | Wehrtechnische Dienststelle für Kraftfahrzeuge und Panzer (WTD 41), Trier |
| (19) | Wehrtechnische Dienststelle für Pionier- und Truppengerät (WTD 51), Koblenz |
| (21) | Wehrtechnische Studiensammlung der Bundeswehr (WTS), Koblenz |

## *2. Firmenarchive*

| | |
|---|---|
| (35) | Flensburger Fahrzeugbau GmbH – Flensburg |
| (37) | Krauss-Maffei Wegmann GmbH & Co KG, München |
| (40) | Rheinmetall Landsysteme GmbH, Kiel/Kassel |
| (40) | Rheinmetall Landsysteme GmbH, Uwe Ullmann |
| (40) | Rheinmetall |
| (41) | Fahrzeugwerk Neubrandenburg |

## *3. Privatarchive*

| | |
|---|---|
| (50) | Herbert Biber |
| (56) | Herr Gniatkowski |
| (58) | Uwe Hellmann |
| (61) | Michael Jerchel (†) |
| (62) | Peter Keidel |
| (64) | Jürgen Kreissl |
| (65) | Dieter Link |
| (69) | Holger Murken |
| (70) | Manfred Pahlkötter |
| (70A) | Archiv Manfred Pahlkötter |
| (71) | Jürgen Plate |
| (71A) | Archiv Jürgen Plate |
| (80) | Torsten Weger |
| (84) | Burkhard Brockelt |
| (88) | Uwe Hake |
| (91) | Michael Köditz |
| (94) | Tilman Schröder |
| (95) | Carl Schulze |
| (97) | Ralph Zwilling |

# Inhalt

# Ein Wort zuvor

Sehr geehrte Leser,

fast zehn Jahre sind seit dem Erscheinen des Buches: »Fahrzeuge der Bundeswehr seit 1955«*) vergangen. Das sind zehn Jahre, in denen sich die Bundeswehr nicht nur in ihrer Ausstattung fast grundlegend verändert hat. Bei dem »rollenden Material« der Bundeswehr brachten die friedenserhaltenden Einsätze im ehemaligen Jugoslawien und in Afghanistan eine Fülle von neuen Fahrzeugtypen und Varianten hervor, so dass sich allein davon ein Buch füllen ließe.
Um das Buch weiter zu führen, lässt sich wegen der Fülle des neuen Materials nur ein Werk in mehreren Bänden verwirklichen. In dem vorliegenden Band 1 werden die Kettenfahrzeuge der Bundeswehr seit 1955 abgehandelt.
Aus verständlichen Gründen konnte bei der Erstellung des Buches nur auf offene Quellen zurückgegriffen werden. Die eine oder andere Frage nach dem Verbleib oder nach der Umgliederung in einem anderen Waffenteil, bzw. nach dem Nutzungsende der Fahrzeuge oder des Waffensystems, musste aus den vorher genannten Gründen offen bleiben. Dank der Informationsbereitschaft vieler Ungenannter konnte jedoch so manche Lücke geschlossen werden.
Es liegt auch in der Natur der Sache, dass nicht immer alle Fahrzeuge in der gewünschten Ansicht abgelichtet werden konnten. Dies betrifft auch die Bildqualität bei neueren Fahrzeugen aus den oben genannten Gründen.
Das Buch soll als Nachschlagewerk verstanden werden. Sicherlich ist das eine oder andere Fahrzeug nicht lückenlos abgehandelt, was in den meisten Fällen an der Informationslage liegt oder weil Bildmaterial nicht zur Verfügung stand. Hier sind Sie, geschätzte Leserschaft, aufgerufen, diese Lücken zu schließen.

Kiel, im März 2014

Jürgen Plate

*) Jürgen Plate:
*»Fahrzeuge der Bundeswehr seit 1955«*
Motorbuchverlag, Stuttgart 2005
ISBN 3-613-02530-2
ISBN 978-3-613-02530-1

# 1. Transportpanzer und Schützenpanzer

## 1.1 Gepanzertes Transportfahrzeug (Universal Carrier)

Ein Vollkettenfahrzeug der »ersten Stunde« war der englische **Universal Carrier**, der bis zum Ende des 2. Weltkrieges gefertigt wurde. Das leicht gepanzerte Fahrzeug wurde zum Transport von Waffen, Munition, Soldaten und Material auf dem Gefechtsfeld eingesetzt. Von Großbritannien wurden 300 Stück für die Bundeswehr als »leicht gepanzerte Schützenwagen« beschafft. Die Lieferung erfolgte in einem 1. Los von 181 Stück im März/April 1956 und in einer Restlieferung von 119 Stück im Oktober/November 1956. Der Auftragswert betrug 2,5 Mill. DM, für Ersatzteile mussten noch einmal 0,5 Mill. DM bezahlt werden.
In der Mehrzahl handelte es sich um Universal Carrier, Typ No 1 Mk II, No 1 Mk II MMG (Vickers .303 Medium Machine Gun) und No 1 Mk II 3˝ Mörser mit Dreilaufrollenfahrwerk. Die an die Bundeswehr gelieferten Fahrzeuge wurden in der Mehrzahl von der Ford Motor Company (Kanada) gefertigt.
Die niedrige Silhouette und die Höchstgeschwindigkeit von 51 km/h ließen ihn in der Bundeswehr als Aufklärungspanzer geeignet erscheinen. Er wurde zumindest für eine gewisse Zeit als Halbgruppenfahrzeug, bestückt mit einem MG, eingesetzt. In dieser Rolle konnte der Universal Carrier jedoch nicht überzeugen, so dass ihm am Ende wieder die angestammte Rolle als gepanzertes Transportfahrzeug zugewiesen wurde. Interessanter Weise hatte die Kasernierte Volkspolizei der Sowjetischen Besatzungszone ebenfalls Universal Carrier in ihrem Bestand. Sie stammten aus dem angloamerikanischen »Leih- und Pachtvertrag« – das waren umfangreiche Materiallieferungen – des 2. Weltkrieges mit der Sowjetunion, die sie nach Ende des Krieges an ihre Verbündeten abgab. Es war somit das einzige gepanzerte Fahrzeug, das beide deutsche Streitkräfte einsetzten.

**Universal Carrier Typ No 1 Mk II MMG mit aufgesessener Besatzung. Gut erkennbar das englische Vickers .303 medium machine gun. (56)**

**Frontansicht des Universal Carrier mit Bundeswehrkennzeichen, jedoch ohne Bewaffnung. (15)**

## Gepanzertes Transportfahrzeug Universal-Carrier

| **Bezeichnung** | **Gepanzertes Transportfahrzeug (Carrier, Universal, Type No 1, Mark 2)** |
|---|---|
| Hersteller | **Großbritannien, Lizenzbau Ford Motor Company of Canada** |
| | 1956–1959 |
| **Motor** | |
| | Ford GAE 8-Zyl.-V-90° 4-Takt-Ottomotor |
| Leistung kW(PS)/min$^{-1}$ | 47,8(65)/2840 |
| Hubraum (cm$^3$) | 3622 |
| **Getriebe** | |
| | Mechanisch 4 Vor-, 1 Rückwärtsgang |

| **Allgemeine Daten** | |
|---|---|
| Gesamtmaße (L x B x H) (mm) | 3861 x 2134 x 1626 |
| Auflagelänge der Kette (mm) | 1435 |
| Bereifung | --- |
| Spurweite (mm) | 1585 |
| Kettenbreite (mm) | 241 |
| Bodenfreiheit (mm) | 203 |
| Wattiefe (mm) | 914 |
| Gefechtsgewicht (kg) | 4013 |
| Höchstgeschwindigkeit (Straße) (km/h) | 51 |
| Bewaffnung | Vickers .303 medium maschine gun |
| Besatzung | 4 |

## 1.2 Schützenpanzer M 39

Der aus US-Beständen übernommene und ursprünglich als Munitionstransportfahrzeug in den USA von 1945–1952 gefertigte **Schützenpanzer M 39** gehörte zur Erstausstattung der Bundeswehr mit gepanzerten Kettenfahrzeugen. 32 Stück wurden für das PzGrenLehrBtl in Munster beschafft.

Der SPz M 39 war ein gepanzertes Vollkettenfahrzeug mit oben offenem Kampfraum. Fahrer und Funker saßen im vorderen, nach oben gezogenen Kampfraum unter Panzerschutz. Der Motor befand sich im Heck. Die Hauptbewaffnung bestand aus einem integrierten und drehkranzlafettierten schweren Maschinengewehr cal. .50 (12,7 mm x 99) M 2.

Das sehr stabile und robuste Fahrzeug konnte mit Geländeschwierigkeiten gut fertig werden. Den damaligen Kampfpanzern M 47, M 48 A1 und M 48 A2 war es im Gelände und auf der Straße an Geschwindigkeit und Beweglichkeit deutlich überlegen. Nachteilig war der 2,05 m hohe und oben offene Kampfraum, der auch das Auf- und Absitzen erheblich erschwerte.

Das Panzergrenadier-Lehrbataillon rüstete den SPz M 39 auch behelfsmäßig als Mörserträger aus, da die Panzergrenadiere nicht auf eine Steilfeuerwaffe verzichten wollten. Der für die Erprobung benutzte US-Granatwerfer 106 mm (mit gezogenem Rohr) war für die Bodengruppe des SPz M 39 nicht geeignet, musste doch beim Schuss ein beträchtlicher Bodendruck mit dem Fahrwerk vereint werden. Abhilfe wurde gefunden, indem man die Bodengruppe mit hölzernen Eisenbahnschwellen verstärkte.

Durch die Entscheidung für den SPz HS 30 stellte der von 1956–1960 eingesetzte SPz M 39 nur eine Übergangslösung dar.

**Schützenpanzer M 39 mit Fla-MG cal. .50 (12,7 mm x 99) Maschine Gun M2 HB. (15)**

Schützenpanzer M 39. Links von dem MG, in einer Halterung, befindet sich ein Karabiner cal. .30 M1 (7,62 mm x 33). (15)

**Schützenpanzer M 39 in der Rückansicht. (15)**

## Schützenpanzer M 39

| **Bezeichnung** | **Schützenpanzer M 39** |
|---|---|
| Hersteller | **Buick Motor Division (GMC)** |
| | **1956–1960** |
| **Motor** | |
| | Continental Motor Corp. Vergasermotor R-975-C1/(R-975-C4) |
| Leistung kW(PS)/min$^{-1}$ | 265(360)/2400 / 299(407)/2400) |
| Hubraum (cm$^3$) | 16.000 |
| **Getriebe** | |
| | 3-Stufen-Planetengetriebe mit Wandler |

| **Allgemeine Daten** | |
|---|---|
| Gesamtmaße (L x B x H) (mm) | 5283 x 2870 x 1803 (Höhe mit Fla-MG 2007 mm) |
| Auflagelänge der Kette (mm) | 2946 |
| Spurweite (mm) | 2394 |
| Kettenbreite (mm) | 370 |
| Bodenfreiheit (mm) | 356 |
| Wattiefe (mm) | 1200 |
| Leergewicht (mm) | |
| Gefechtsgewicht (kg) | 16.100 |
| Höchstgeschwindigkeit (Straße) (km/h) | 72 |
| Bewaffnung | 1 Fla-MG cal. .50 (12,7 mm x 99) |
| Besatzung | 9 |

## 1.3 Schützenpanzer (kurz)

Der **Schützenpanzer** Vollkette, **Halbgruppe und Funk, Typ 11-2** war ein nach deutschen Forderungen bei der französischen Firma Hotchkiss-Brandt entwickeltes Vollkettenfahrzeug.

Bei dem seit 1958 eingeführten Schützenpanzer handelte es sich um die Weiterentwicklung des französischen Schützenpanzers Hotchkiss TT 6 mit einem um eine fünfte Laufrolle erweiterten Fahrgestell. Die Panzerung und die günstige Formgebung gewährten der fünfköpfigen Besatzung Schutz gegen Infanteriewaffen und Splitter von Artilleriegeschossen. Der Motor war vorne rechts neben dem an der linken Seite des Fahrzeuges sitzenden Fahrer untergebracht. Als Bewaffnung diente eine 20-mm-Bordkanone HS 820 L/85, angeordnet in einem um 360° drehbaren Turm links der Mitte. Am Heck befanden sich zwei große Türen. Das wendige Fahrzeug besaß eine gute Geländegängigkeit. Verwendet wurde der SPz bei den Brigadespähzügen und den Panzeraufklärungsbataillonen der Divisionen. Als Varianten waren eingeführt:

- Beobachtungspanzer Typ 22-2 mit Drehringlafette und MG 7,62 mm x 51.
- Panzermörser 81 mm Typ 51-2. Der Mörser ist für den Einsatz vom Fahrzeug als auch außerhalb des Fahrzeugs geeignet. Für den Einsatz außerhalb des Fahrzeugs ist eine Bodenplatte in den außen am Fahrzeug befindlichen Halterungen angebracht.
- Radaraufklärungspanzer Typ 91-2 mit Gefechtsfeldüberwachungsradar AN/TPS 33a (US).
- Gepanzerter Krankenkraftwagen Typ 2-2, mit zwei Feldtragen ausgestattet.

Eingesetzt wurden:
**Beobachtungspanzer Typ 22-2**
bei den Aufkl- und PzArtBtl
**Mörserträger Typ 51-2**
bei den PzGren- und den PzAufklBtl
**Radaraufklärungspanzer Typ 91-2**
bei den DivPzAufklBtl
**Gepanzerter Krankenkraftwagen Typ 2-2**
bei allen Panzerverbänden

**Schützenpanzer kurz, SPz 11-2. Bewaffnung 20-mm-BMK Typ HS 820 L/85 und Nebelmittelwurfanlage am Turm. (15)**

1972 begann die Ablösung der Fahrzeuge. Als letzte Variante wurde der Radaraufklärungspanzer Typ 91-2 Ende der 80er-Jahre durch den Transportpanzer 1 A2 FUNK mit Einbausatz PARA (RASIT) abgelöst.

Logistisch mit dem SPz kurz verwandt ist der **Nachschubpanzer SPz 42-1**. Bei dem 3700 mm langen und 1500 mm hohen Fahrzeug handelt es sich um die erste Nachkriegskonstruktion eines Panzerfahrzeuges, das auf Grund deutscher militärischer Forderungen entstand. Entwickelt wurde das Fahrzeug aus dem französischen Nachschubpanzer CC 2, der wiederum die Entwicklungsgrundlage für den französischen Schützenpanzer TT 6 bildete.

Das 5,4 t schwere Fahrzeug konnte im offenen Laderaum eine Nutzlast von einer Tonne mitführen. Ausgestattet war das Fahrzeug mit einem 6-Zylinder-Vergasermotor, rechts des Fahrersitzes angeordnet, der bei 4678 $cm^3$ 121 kW (164 PS) leistete.

1958–1962 sorgte der NschPz 42-1 bei den NschGrp der Pz- und PzGrenBtl für den Munitionsnachschub auf dem Gefechtsfeld, diente aber auch als Fahrschulfahrzeug.

**Schützenpanzer kurz, SPz 11-2. (65)**

Schützenpanzer kurz, Beobachtungspanzer, SPz 22-2. Bewaffnung: ein Maschinengewehr MG 1, Kal. 7,62 mm x 51 und Nebelmittelwurfanlage. (15)

Schützenpanzer kurz, Panzermörser, SPz 51-2. Bewaffnung 81-mm-Mörser von Tampella (ISR). (15)

Schützenpanzer kurz, Panzermörser, SPz 51-2. (15)

Schützenpanzer kurz, Radaraufklärungspanzer, SPz 91-2 mit Gefechtsfeldüberwachungsradar AN/TPS 33a (US) und Nebelmittelwurfanlage. (15)

**Schützenpanzer kurz, Radaraufklärungspanzer, SPz 91-2. (15)**

Krankenkraftwagen gepanzert, KrKw Gep 2-2. (15)

Schützenpanzer kurz, Transport, SPz 42-1 bei der Geländeausbildung. (01)

Schützenpanzer kurz, Transport, SPz 42-1 bei der Verladung. Bei dem Fahrzeug handelt es sich um ein Fahrschulfahrzeug. Erkennbar an dem erhöhten Sitz des Fahrlehrers. (14)

Schützenpanzer kurz, SPz 42-1 beim »Tankstopp«. (14)

## 1.4 Schützenpanzer (lang) HS 30

Den Auftrag für Entwicklung und Bau von 10.680 Fahrzeugen erhielt die Schweizer Firma Hispano-Suiza (HS), eine im Panzerbau bis dahin völlig unerfahrene Firma. Lediglich ein Flakpanzerprototyp stand seit 1955 bei Hispano-Suiza in der Entwicklung. Dieser diente als Grundlage für den neuen Schützenpanzer der Bundeswehr. Die Beschaffungsanordnung wurde, ungewöhnlicher Weise, ohne Erprobung und Truppenversuch erteilt.

Ab Februar 1958 sollte der Zulauf der Schützenpanzer beginnen. Hispano-Suiza war jedoch nicht in der Lage, den Zeitplan einzuhalten. Dies führte zu mehrmaligen Vertragsänderungen, verbunden mit einer Reduzierung der Stückzahl.

Um die Bundeswehr jedoch schnell mit einem eigenen Schützenpanzer auszurüsten, erhielt die britische Firma Leyland den Auftrag. Nach Konstruktionsplänen von Hispano-Suiza sollten 2800 Fahrzeuge bei Leyland und je 825 Fahrzeuge bei Rheinstahl-Hanomag und Henschel gefertigt werden.

Trotz der 1957/58 etwa gleichzeitig beginnenden Auslieferung der englischen und deutschen Prototypen, O-Serienfahrzeuge, sowie des Anlaufens der Großserienfertigung wurde die Auslieferung an die Truppe erheblich verzögert. Als die Fertigung 1962 eingestellt wurde, hatten Leyland 1119, Rheinstahl-Hanomag 547 und Henschel 510 Stück gefertigt. Die Abschlusslieferung bildeten die auf dem gleichen Fahrgestell basierenden 95 Raketenjagdpanzer 1.

Merkmale des Fahrgestells des **Schützenpanzers HS 30** sind fünf mittelgroße Laufrollen, davon vier paarweise an Waagebalken, sowie drei Stützrollen. Motor, Wechsel- und Lenkgetriebe waren in einem Block zusammengefasst und befanden sich im abnehmbaren Heck der Panzerwanne. Durch Trennen des angeschraubten Hecks von der Panzerwanne konnte nach Abnehmen der Ketten das gesamte Triebwerk nach hinten ausgefahren werden.

Die Panzerwanne entstand als allseitig abgeschrägter, voll geschlossener Aufbau. Der Drehturm mit der 20-mm-Maschinenkanone HS 820 befand sich vorne rechts, daneben

**Schützenpanzer lang, Gruppe, HS 30 Typ SPz 12-3 mit 20-mm-BMK HS 820/L 85 und Nebelmittelwurfanlage. (15)**

waren in der Wanne Fahrer und Kommandant untergebracht. Der Kampfraum befand sich in der Mitte und wurde von oben mit großen Klappen geschlossen. Die Besatzung setzte sich beim Schützenpanzer (lang) Gruppe wie folgt zusammen:

- 1 Gruppenführer.
- 1 Bordkanonenschütze.
- 1 MG-Schütze.
- 4 Schützen.
- 1 Fahrer.

Die dem Fahrzeug anhaftenden Konstruktionsmängel bezüglich Lüftung, Getriebe, Kühlung, Lenkgetriebe, Bremsen und Gummifederung sind legendär und verursachten hohe Folgekosten, ohne dass diese Mängel jemals in befriedigender Weise abgestellt werden konnten. Die Truppe nannte den SPz HS 30 bezeichnenderweise »Heuler«.
Bauart und Formgebung waren grundsätzlich zweckmäßig, jedoch zeigte sich bald, dass ein Kämpfen und Absitzen über die Bordwand hinweg längst nicht mehr zeitgemäß war – eine Lehre aus den Erfahrungen des 2. Weltkriegs. Ab 1972 begann man, den SPz HS 30 aus den Panzergrenadierbataillonen herauszulösen und durch den neuen Schützenpanzer Marder zu ersetzen. Folgende Schützenpanzer lang SPz HS 30 mit Varianten waren in der Bundeswehr eingeführt:

- Schützenpanzer lang, Gruppe mit Kanone 20 mm, SPz 12-3.
- Schützenpanzer lang, Gruppe mit Kanone 20 mm und 106 mm Leichtgeschütz M 40 A1.
- Schützenpanzer lang, Führung und Funk mit Kanone 20 mm, SPz 21-3.
- Panzermörser 81 mm Vollkette, PzMrs 51-3.
- Panzermörser 120 mm Vollkette, PzMrs 52-3.
- Schützenpanzer lang, Feuerleit, SPz 81-3.
- Schützenpanzer HS 30, Lenkflugkörpersystem, Bodenziel, SS-11, JPz 3-3 (RakJPz 1).

**Schützenpanzer lang mit aufgesessener Gruppe. Die Grenadiere der Schützengruppe sind mit dem Maschinengewehr MG 1 (7,62 mm x 51) und dem Gewehr G 1 (7,62 mm x 51) ausgerüstet. Das Bild zeigt eine frühe Aufnahme des HS 30, denn es fehlt noch die Nebelmittelwurfanlage. (06)**

**Schützenpanzer lang, Gruppe, HS 30 Typ SPz 12-3 mit 20-mm-BMK HS 820/L 85 und (US) 106-mm-Leichtgeschütz M 40 A2 (mit Einschießgewehr). (15)**

**Schützenpanzer lang, Gruppe, HS 30 Typ SPz 12-3. (15)**

Panzermörser 120 mm, HS 30 Typ 52-3. (15)

Panzermörser 120 mm, HS 30 Typ 52-3 von Brandt (F) mit MG 7,62 mm in Schildblende. (15)

**Schützenpanzer lang, Führung und Funk, HS 30, Typ 21-3 mit 20-mm-BMK HS 820/L 85. (15)**

**Schützenpanzer lang, Feuerleit, HS 30, Typ 81-3. (01)**

Schützenpanzer lang, Feuerleit, HS 30, Typ 81-3. (01)

Raketenjagdpanzer 1, HS 30, Typ 3-3 mit Lenkflugkörpersystem, Bodenziel SS 11. Etwa 95 Raketen-Jagdpanzer wurden 1962 gefertigt. (06)

**Raketenjagdpanzer 1, HS 30, Typ 3-3. (06)**

## Schützenpanzer kurz Hotchkiss, Schützenpanzer lang HS 30, Raketenjagdpanzer 1 HS 30

| **Bezeichnung** | **Schützenpanzer kurz Hotchkiss-Brandt** | **Schützenpanzer lang HS 30 SPz 12–3** | **Raketenjagdpanzer 1 HS 30 JPz 3–3** |
|---|---|---|---|
| Hersteller | **Lizenzbau KHD** | **Hanomag<br>Henschel<br>Leyland** | **Hanomag<br>Henschel** |
| | 1958– | 1958–1975 | 1961– |
| **Motor** | | | |
| | Hotchkiss-Lago<br>6-Zyl. (Reihe)<br>4-Takt-Ottomotor | Rolls-Royce<br>8-Zyl. (Reihe)<br>4-Takt-Ottomotor | Rolls-Royce<br>8-Zyl. (Reihe)<br>4-Takt-Ottomotor |
| Leistung kW(PS)/$min^{-1}$ | 121(164)/3900 | 162(220)/3750 | 162(220)/3750 |
| Hubraum ($cm^3$) | 4678 | 6516 | 6516 |
| **Getriebe** | | | |
| | Hotchkiss/SPz 10<br>(Ford abgewandelt)<br>4 Vor-, 1 Rückwärtsgang | Wilson RVK 1 oder<br>Allison Getriebe<br>4 Vor-, 1 Rückwärtsgang | Wilson RVK 1 oder<br>Allison Getriebe<br>4 Vor-, 1 Rückwärtsgang |
| **Allgemeine Daten** | | | |
| Gesamtmaße (L x B x H) (mm) | 4476 x 2340 x 2015<br>(Höhe OK Turm) | 5562 x 2547 x 1850<br>(Länge mit Rohr 5900,<br>Höhe OK Turm) | 5540 x 2547 x 1850 |
| Auflagelänge der Kette (mm) | 2300 | 3030 | 3030 |
| Spurweite (mm) | 2070 | 2164 | 2164 |
| Kettenbreite (mm) | 270 | 380 | 380 |
| Bodenfreiheit (mm) | 350 | 400 | 400 |
| Wattiefe (mm) | 700 | 700 | 700 |
| Leergewicht (mm) | 7200 | 11.900 | 12.600 |
| Gefechtsgewicht (kg) | 8400 | 14.600 | 14.200 |
| Höchstgeschwindigkeit<br>(Straße) (km/h) | 85 | 58 | 58 |
| Bewaffnung | 1 MK 20 mm im Turm | 1 MK 20 mm im Turm<br>1 MG 1, 7,62 mm x 51 | PAL SS 11 |
| Besatzung | 5 | 8 | 3 |

## 1.5 Mannschaftstransportfahrzeug M 113 und Varianten

Die Entscheidung für ein gepanzertes Mannschaftstransportfahrzeug fiel auf den von der Food Maschinery and Chemical. Corp. (FMC)/San José (USA) im Auftrag der US-Army in den Jahren von 1957–1959 entwickelten **M 113**. In der US-Army und auch in anderen Nutzerstaaten wurde und wird der M 113 als Späh- und Schützenpanzer eingesetzt. In der Bundeswehr beschränkte sich die Nutzung zunächst auf Transport- und Unterstützungsaufgaben. 1962 wurden von der ursprünglichen US-Version 1646 Stück als Mannschaftstransportwagen (MTW) für Panzergrenadiere und -pioniere in die Bundeswehr eingeführt.

Die Wanne des M 113 besteht aus Leichtmetallpanzerplatten mit Versteifungen auf der Innenseite. Sämtliche Luken, Türen und Deckel sind gegen Wasser abgedichtet. Die am Bug der Wanne angebrachte Trimmplatte dient als Stabilisator bei Wasserfahrt. Sowohl an Land als auch im Wasser erfolgen Antrieb und Lenkung (über das Einheitslaufwerk ohne Stützrollen) mit den Gleisketten.

Der wassergekühlte 8-Zylinder-Vergasermotor befindet sich im vorderen Teil der Wanne, dem Motorraum, und ist durch eine Feuerschutzwand vom Transportraum getrennt. Zugänglich ist der Motorraum durch die Zugangsplatte in der Feuerschutzwand und über die Motorraumklappe im Bug. Im vorderen linken Teil des Fahrerraumes befinden sich Sitz und Bedienungseinrichtungen für den Fahrer. Der Transportraum ist mit Sitzbänken an den Seiten ausgestattet. In ihm finden der Kommandant und elf ausgerüstete Soldaten Platz. Im Dach befindet sich eine große aufklappbare Luke. Die am Fahrzeugheck befindliche Rampe kann zum Be- und Entladen sowie zum Auf- und Absitzen hydraulisch betätigt werden. Eine Hecktür in der Rampe ermöglicht den Ein- und Ausstieg bei geschlossener Heckrampe.

In den Jahren 1963–1964 erfolgte die Umrüstung der deutschen US-Fahrzeuge auf die Belange der Bundeswehr. Generell wurden folgende Umrüstungen vorgenommen:

- DIEHL-Verbindergleiskette 213 B für die US-Scharnierkette (höhere Lebensdauer).
- Beleuchtungsanlage gemäß StVZO.
- Deutsche Feuerwarn- und Löschanlage mit zwei 5,5 kg Halon-Löschmittelbehältern.
- Deutsche Heizungs- und Belüftungsanlage Webasto, max. 9,2 kW Heizleistung.
- Optik.
- Funkausstattung.
- Bewaffnung.
- Nebelmittelwurfanlage (jedoch nicht KrKw M 113).
- Ausrüstung und Sonderwerkzeuge.
- Deutsche Beschriftung am Fahrzeug (Benutzerhinweise).

Die so umgerüsteten Fahrzeuge führten dann die Bezeichnung **SPz M 113 G.**

Bei den ab 1965 aus den USA zulaufenden Fahrzeugvarianten waren die Belange der Bundeswehr zum Teil schon berücksichtigt, so z. B. der werkseitig eingebaute Dieselmotor 6V53 mit Druckkühlanlage und neuem Schaltgetriebe. Bei der Druckkühlanlage wird die Kühlluft vom Lüfter angesaugt, vom Motor erwärmt und dann durch den Kühler nach außen gedrückt, wodurch ein Überdruck im Motorraum entsteht. Der Überdruck benötigt bei ABC-dichten Fahrzeugen eine doppelte Motorschottwand, die ein Eindringen von Abgasen in den Mannschaftsraum verhindert. Eine doppelte Schottwand erhielten:

- Beobachtungs-Panzer-Artillerie (BeobPzArt) M 113.
- Mannschafts-Transportwagen (MTW) M 113.
- Kranken-Kraftwagen (KrKw) M 113.

1974–1981 erfolgte die Umrüstung der verbliebenen M 113 auf Dieselmotor. Alle mit den vorher genannten Änderungen umgerüsteten Fahrzeuge führen die Bezeichnung **M 113 G A1**. In den 80er-Jahren erhielt eine ausgewählte Anzahl von Varianten den 6V53-Dieselmotor mit Saugkühlanlage. Bei der Saugkühlanlage ist die Strömungsrichtung umgekehrt: Die Kühlluft (Umgebungsluft) wird von außen mit einem verbesserten Lüfter durch den Kühler angesaugt. Das bedeutet:

- Eine um ca. 5° C geringere Kühltemperatur.
- Erhöhung der Kühlleistung.
- Keine Ölverschmutzung am Kühler.
- Unterdruck im Motorraum verhindert den Übertritt von Abgasen in den Mannschaftsraum.

Die mit diesen und weiteren kleinen Änderungen/Verbesserungen ausgestatteten Fahrzeuge führen die Bezeichnung **M 113 G A2.**

Begleitend zu diesen Maßnahmen wurden Ende der 80er-Jahre bei einem Teil der Fahrzeuge zwei außen liegende Kraftstofftanks (EFT) angebracht. Sie dienen der:

- Erhöhung der Sicherheit der Besatzung.
- Erhöhung der Betriebssicherheit des Fahrzeuges.
- Vergrößerung des Stauraumes im hinteren Kampfraum des Fahrzeuges durch Ausbau des inneren Tanks.

Das Gesamtvolumen der EFT beträgt 360 Liter. Die Tanks bieten einen ähnlichen ballistischen Schutz wie die Panzerung des Fahrzeuges und sind im Falle einer Beschädigung leicht auszutauschen. Das Mehrgewicht beträgt 468 kg. Damit ausgerüstet sind:

- Panzer-Mörser (PzMrs) M 113.
- Träger-Fahrzeug RATAC (TrgFz RATAC) M 113.
- Feuerleit-Panzer-Mörser (FltPzMrs) M 113.
- Feuerleit-Panzer-Artillerie (FltPzArt) M 113.

- Kranken-Kraftwagen (KrKw) M 113.
- Schreib-Funk-Panzer (SchrFuPz) M 113.
- Träger-Fahrzeug-Rechner-Verbund-Artillerie (TrgFzg-RechnVbuArt) M 113.

Da die Fahrzeuge immer schwerer wurden (Anstieg des Gefechtsgewichtes von ursprünglich 10,4 t auf mehr als 13 t beim TrgFz RATAC), musste aus Sicherheitsgründen die Geschwindigkeit von ursprünglich 64 km/h auf 50 km/h, später je nach Variante auf 30 km/h bzw. 25 km/h, beschränkt werden. Grund war die Beschaffenheit von Lenkung und Bremse, die über dieselben Bedienungs- und Übertragungseinrichtungen betätigt werden. Die Fahrzeuge verfügen über keinen stabilen Geradeauslauf, da eine Lenkstabilisierung im Lenkgetriebe fehlt. Das sichere Führen der Fahrzeuge ist dadurch stark erschwert. Die Bremsanlage erreichte nicht die in Deutschland vorgeschriebenen Verzögerungswerte. Dieser Umstand führte Ende der 80er-Jahre zur Weisung des Bundesministeriums der Verteidigung an das Bundesamt für Wehrtechnik und Beschaffung, eine Marktsichtung für die Beschaffung eines neuen Antriebs-, Lenk- und Bremssystems durchzuführen. Entsprechende Konzepte wurden erarbeitet, jedoch auf Grund der mageren Haushaltsmittelsituation keine Aufträge vergeben. Erst durch Eigenleistung der Firma FFG, in Zusammenarbeit mit den Firmen ZF, MTU und TEVES, konnte ein Lösungsvorschlag realisiert werden. Aus Kostengründen hat man den Lösungsvorschlag in eine »Kleine Lösung« und eine »Große Lösung« geteilt.
In Abhängigkeit vom zulässigen Gesamtgewicht und der Nutzungsdauer stufte man die Fahrzeuge in die Nutzungsdauerverlängerung (NDV) Stufe 1 und 2 ein.

## NDV-1

Fahrzeuge mit einem zulässigen Gesamtgewicht von 12 t bis 12,5 t erhalten zur Erhöhung der Fahrsicherheit ein besseres Brems- und Lenksystem. Bei der Bremsanlage handelt es sich um eine hydraulische Zwei-Kreis-Bremsanlage mit mechanischer Feststellbremse. Die Feststellbremse ist unabhängig von der Betriebsbremse und wirkt über zwei mechanisch betätigte Festsättel. Die Bremsanlage ist vollständig vom Triebwerk getrennt und daher auch ohne eingesetztes Triebwerk funktionsfähig. Bei der Lenkung entfallen die beiden Lenkhebel. Sie werden durch einen Lenkhändel ersetzt, das über eine hydraulische Servolenkhilfe auf die Lenkgestänge wirkt. Weitere Verbesserungen sind u. a. ein neu gestalteter Fahrerplatz und die Verstärkung von Antriebsstrang und Seitenvorgelege.
Vorgesehen wurden die Varianten:

- Feuerleit-Panzer-Artillerie (FltPzArt) M 113.
- Feuerleit-Panzer-Mörser (FLtPzMrs) M 113.
- Kranken-Kraftwagen (KrKw) M 113.
- Schreib-Funk-Panzer HF (SchrFuPz) M 113.
- Minen-Wurf-Panzer (MiWuPz) M 113.
- Schul-Panzer (SchulPz) M 113.

Das erste Los wurde 1996–1999 umgerüstet.

## NDV-2

Sie wurde für Fahrzeuge mit einem zulässigen Gesamtgewicht von mehr als 12,5 t vorgesehen. Zusätzlich zu den bereits in der NDV 1 durchgeführten Maßnahmen wurde der MTU-Dieselmotor 6 V 183 TC 22 mit einer Leistung von 220 kW (300 PS) mit dem neu entwickelten hydrostatischen Lenk- und Schaltgetriebe von ZF eingebaut. Weiterhin erhielten die Fahrzeuge eine thermogesteuerte Kühlanlage, einen zweistufigen Luftfilter und eine modifizierte Instrumententafel. Ein erstes Los der nachfolgend aufgeführten Varianten wurde 1997–1999 umgerüstet:

- Panzer-Mörser (PzMrs) M 113.
- Gefechts-Stand-Panzer (GefStdPz) M 113 (vorher M 577).
- Träger-Fahrzeug RATAC (TrgFzg RATAC) M 113.
- Geräteträger-Rechner-Verbund-Artillerie (GerTrgRechn VbuArt) M 113 mit den Varianten:
  Führungs-Feuerleit-Stelle (FüFltSt).
  Feuer-Unterstützungs-Offizier (FUO).

Durch die Änderungen konnten nunmehr folgende Leistungen erreicht werden: Max. Geschwindigkeit 62 km/h, Wenden um die Hochachse in 8,4 sec, Steigfähigkeit 60 %, Einsatzbereich +44°C bis -46°C, Steigerung auf zulässiges Gesamtgewicht von 15 t und der Reichweite auf 727 km auf der Straße. An den verbleibenden

- Führungs-Funk-Panzer (FüFuPz) M 113.
- Schreib-Funk-Panzer VHF (SchrFuPz) M 113.
- Flieger-Leit-Panzer (FlgLtPz) M 113.
- Richt-Funk-Multiplex-Panzer (RiFuMuxPz) M 113.
- Träger-Fahrzeug Green Archer (TrgFzg Green Archer) M 113.
- Beobachtungs-Panzer-Artillerie (BeobPzArt) M 113.

wurden keine NDV Maßnahmen durchgeführt, da die geplante Nutzungsdauer und/oder die voraussichtliche Ablösung dem entgegenstehen.
Durch Strukturmaßnahmen bedingt, befindet sich der Mannschaftstransportwagen (MTW) M 113 seit 1993 nicht mehr im Bestand der Bundeswehr.
Ende der 80er-Jahre verloren auf Grund des höheren Gesamtgewichtes der MTW M 113 und seine Varianten die Freigabe für den Schwimmbetrieb. Ein äußeres Zeichen ist der Wegfall der Trimmplatte. Dafür wurde 1991/92 ein Gerätekorb als zusätzlicher Stauraum angebracht.
Ende der 90er-Jahre wurde eine neue Gleiskette vom Typ 513 eingeführt. Mit dieser Kette wurden zunächst die Fahr-

zeuge der NDV 1 und 2 ausgestattet. Später ersetzte sie als Folgebedarf die jetzige Gleiskette 213 B. Ihr Vorteil ist im Wesentlichen, dass der Eingriff des Antriebszahnrades in den Rohrkörper erfolgt und daher der Verschleiß geringer ist.
Zu Beginn des Jahres 2003 wurde den ersten nicht ND-verlängerten M 113, darunter der Feuerleitpanzer Artillerie und der Beobachtungs-Panzer Artillerie, die Betriebserlaubnis entzogen.
Von 2004–2006 wurden noch einmal weitere 45 Fahrzeuge mit NDV 1 und 56 Fahrzeuge mit NDV 2 an die Truppe ausgeliefert. Das Nutzungsende des SchrFuPz HF kam 2008, das des SchrFuPz VHF wird voraussichtlich 2015 sein.
2011 wurden große Teile der M 113-Flotte aus der Nutzung genommen und zum Teil durch das GTK Boxer abgelöst. Der FüFuPz M 113 A2 GE A0 und A1 und der Gefechtsstandpanzer M 113 A2 GE werden durch das Führungsfahrzeug GTK Boxer und die KrKw M 113 durch das sgSanFzg GTK Boxer abgelöst. In der Ausphasung befinden sich seit 2013 die MiWuPz M 113.
Dass der M 113 noch »weiterlebt« zeigt die Tatsache, dass sechs Fahrschulpanzer M 113 G3 EFT GE mit einem Gummi-Gleiskettenlaufwerk der Fa. Soucy ausgerüstet werden sollen. Soucy ist eine kanadische Firma, die auf Raupenlaufwerke für Traktoren, Mähdrescher und Anhänger spezialisiert ist. Die Gummilaufkette mindert die Geräuschemissionen im Inneren des Fahrzeuges und trägt so zum Arbeitsschutz der Fahrlehrer und Fahrschüler bei.
Bei der Umrüstung mit Gummilaufkette handelt es sich in jeder Hinsicht um eine interessante Neuerung. Bei einem Wechsel der Gummilaufkette wird das hintere Umlenkrad, das jetzt aus zwei Hälften besteht (sogenanntes Idlerrad) auseinandergebaut. Nach dem Aufziehen der neuen Gummilaufkette werden die Hälften des Umlenkrades so zusammengesetzt, dass sie im weiteren Arbeitsablauf die Gummilaufkette wieder spannen.
Eine endgültige Ablösung der gesamten M 113-Flotte durch das GTK Boxer und durch »Geschützte Führungs- und Funktionsfahrzeuge« wird wahrscheinlich nicht vor 2020 erfolgen.

**Mannschaftstransportwagen M 113 in der ursprünglich gelieferten US-Ausführung mit Fla-MG cal. .50 (12,7 x 99) und amerikanischer Beleuchtungsanlage. (18)**

**Mannschaftstransportwagen M 113. (18)**

**Mannschaftstransportwagen M 113 in der späteren »germanisierten« Ausführung, mit neuer Beleuchtungsanlage und Drehkranzlafette mit MG 3, um nur die wesentlichsten äußeren Unterschiede zu nennen. (15)**

**Spätere Ausführung des Mannschaftstransportwagens M 113. (15)**

**MTW M 113 als Pioniergruppenfahrzeug, hier noch in US-Ausführung, nach dem Durchwaten bzw. Durchschwimmen eines Gewässers. (06)**

**Ein Relikt des »Kalten Krieges« ist dieser M 113, ausgerüstet mit 2 x 200-Watt- und 2 x 1000-Watt-Lautsprecheranlage. Der Mast ließ sich durch die im Fahrzeugdach befindliche Ladeluke hydraulisch ausfahren. Das Fahrzeug sollte an der Frontlinie zur Beschallung des Gegners eingesetzt werden. Zwei Erprobungsmuster sind 1969 und 1973 gebaut worden. (03)**

MTW 113 A1 G nach Umrüstung, jedoch mit US-Lafette für deutsches MG. (15)

Der Panzermörser M 113 A1 GE im Panzermörserzug unterstützt den Kampf der PzGrenTrp und der Infanterie. Entstanden ist der Panzermörser durch Umrüstung des MTW M 113. Die Umrüstung erfolgte in den Jahren 1969–1973 und 1977–1978 an 494 Fahrzeugen. Im Kampfraum ist ein 120-mm-Mörser Tampella (ISR) auf einer Traverse mit Schussrichtung nach hinten lafettiert. Der Dachausschnitt wurde entsprechend durch eine zweiteilige Dachluke erweitert. Für den abgesetzten Einsatz wird eine Bodenplatte außen am Fahrzeugheck mitgeführt. In dieser Ausführung nicht mehr in der Nutzung. (15)

Panzermörser M 113 A1 EFT GE mit 120-mm-Mörser Tampella (ISR). 1991–1993 erfolgte die Umrüstung der Panzermörser auf EFT. Einsatz des Mörsers vom Fahrzeug aus. Mitführung der Bodenplatte auf Begleitfahrzeug und damit abgesetzter Einsatz möglich. Reichweite 6350 m. Eingesetzt im PzGrenBtl (nicht mehr in der Nutzung). (71)

Das gepanzerte Gefechtsstandfahrzeug M 577 A1 G dient als mobiler Gefechtsstand zur Aufnahme von Rüstsätzen des Gefechtsstandführungsmittel Brigade/Division. (06)

Gefechtsstandpanzer M 113 A1 GE. Ab 1986 aus dem umgerüsteten gepanzerten Gefechtsstandfahrzeug M 577 A1 G entstanden. Der Arbeitsraum ist mit vier Arbeitsplätzen für die Bedienung der Komponenten des Rüstsatzes ausgestattet. Eingeführt wurde der GefStdPz in den Rüstsätzen Führungszelle, Informationszelle, Fernschreibzelle und Luftunterstützungszelle (seit 1987 entfallen). (06)

Fliegerleitpanzer M 113 A1 GE mit ausgefahrener UHF-Antenne. Ausfahrhöhe im Standbetrieb 7200 mm. Der FlgLtPz ermöglicht das Herstellen und Betreiben aller für die Luftunterstützung des Heeres durch die Luftwaffe erforderlichen Sprechfunkverbindungen. (03)

Fliegerleitpanzer M 113 A2 GE A0. (71)

Der Feuerleitpanzer Mörser M 113 A2 EFT GE A0 leitet das Feuer der PzMrs des Feuerzuges bei der Pz-GrenTrp. (71)

Feuerleitpanzer Artillerie M113 A1 GE. Der Feuerleitpanzer Artillerie leitet das Feuer der Artillerie im Rahmen des Gefechts der verbundenen Waffen. Der Rüstsatz mit Datenein- und Datenausgabegeräten ist größtenteils im Mannschaftsraum untergebracht. Er ermöglicht rechnerunterstützten Informationsaustausch über Funk zur Durchführung des Feuerauftrages. Die Auslieferung des 1. Serienfahrzeuges bei der Fa. Thyssen-Henschel erfolgte am 10.02.1978. (40)

**Feuerleitpanzer Artillerie M 113 A1 EFT GE A0. (71)**

Die M 113 Lichtmessstellen dienten als passives Ortungsmittel. Das System im BeobBtl der Div bestand aus drei bis fünf Messstellen. Auf guten, möglichst weit vorn liegenden Übersichtspunkten wurden die optischen Erscheinungen feuernder Artilleriewaffen und Mörser mit dem Beobachtungsfernrohr angemessen. Die Übermittlung der Wahrnehmungen von den Messstellen wurde über Funk an die Lichtmessauswertestelle gemeldet und dort graphisch ausgewertet. Auch konnte durch Einmessen eigener Sprengpunkte das Feuer eigener Artillerie bestimmt und korrigiert werden. (01)

Der Beobachtungspanzer Artillerie M 113 wird im Artilleriebataillon als Gefechtsfahrzeug des vorgeschobenen Beobachtungstrupps eingesetzt. (71)

**Trägerfahrzeug RATAC M 113 A1 GE (ABRA). Das Trägerfahrzeug RATAC M 113 mit eingebautem Gefechtsfeldradar dient im Artilleriebataillon der Art-/Beobachtungsradargruppe zur Gefechtsfeldüberwachung. Die Radarausstattung ermöglicht neben der Gefechtsfeldüberwachung auch Radarmessbeobachtungen beim Schießen und das Leiten von Fahrzeugen und langsam fliegenden Flugzeugen. (01)**

Trägerfahrzeug RATAC-S M 113 A2 EFT GE A0 mit modifiziertem Gefechtsfeldradar. (01

## Mannschaftstransportfahrzeug M 113 und Varianten

| **Bezeichnung** | **Mannschaftstransportwagen M 113** | **Mannschaftstransportwagen M 113 A1 G** | **Trägerfahrzeug RATAC M 113 A1 G** |
|---|---|---|---|
| Hersteller | **FMC** | **FMC** | **FMC** |
| | Bundeswehr ab 1962 | Bundeswehr ab 1965 | 1978 |
| **Motor** | | | |
| | Chrysler-Vergasermotor A 710 B 8-Zylinder-Viertakt kopfgesteuerter V-Motor | Detroit Diesel Engine 6 V 53 6-Zylinder-Zweitakt V-Dieselmotor mit Direkteinspritzung | Detroit Diesel Engine 6 V 53 6-Zylinder-Zweitakt V-Dieselmotor mit Direkteinspritzung |
| Leistung kW(PS)/min$^{-1}$ | 125(170)/4000 | 154(210)/2800 | 154(210)/2800 |
| Hubraum (cm$^3$) | 5920 | 5220 | 5220 |
| **Getriebe** | | | |
| | Allison TX-200-X Sechsgang-Planetengetriebe mit hydraulischem Drehmomentenwandler 6 Vor-, 1 Rückwärtsgang | Allison TX-100 Sechsgang-Planetengetriebe mit hydraulischem Drehmomentenwandler 6 Vor-, 1 Rückwärtsgang | Allison TX-100-1 Sechsgang-Planetengetriebe mit hydraulischem Drehmomentenwandler 6 Vor-, 1 Rückwärtsgang |
| **Allgemeine Daten** | | | |
| Gesamtmaße (L x B x H) (mm) | 4860 x 2690 x 2200 (Höhe OK. Antennenschutz) | 4870 x 2690 x 2640 (Höhe OK. MG-Ringlafette) | 5120 x 2690 x 2600 (7160 Radarmast ausgefahren) |
| Auflagelänge der Kette (mm) | 2650 | 2650 | 2650 |
| Spurweite (mm) | 2160 | 2160 | 2160 |
| Kettenbreite (mm) | 381 | 381 | 381 |
| Bodenfreiheit (mm) | ca. 410 | ca. 410 | ca. 410 |
| Wattiefe (mm) | Schwimmfähig | Schwimmfähig | – |
| Leergewicht (mm) | 9100 | 9550 | 11.200 |
| Gefechtsgewicht (kg) | 10.400 | 10.900 | 12.700 |
| Höchstgeschwindigkeit (Straße) (km/h) | 64 [1)] | 40 [1)] | 25 |
| Bewaffnung | 1 MG 1, 7,62 mm x 51 Nebelmittelwurfanlage | 1 MG 1 oder 3, 7,62 mm x 51 Nebelmittelwurfanlage | 1 Mg 3, 7,62 mm x 51 Nebelmittelwurfanlage |
| Besatzung | 2 + 11 | 2 + 11 | 5 |

1) Minimalgeschwindigkeit Wasserfahrt: 6 km/h

## Mannschaftstransportfahrzeug M 113 und Varianten

| **Bezeichnung** | **Trägerfahrzeug RATAC M 113 A1 G** | **Geräteträger Rechnerverbund Artillerie 1) GerTrgRechnVbuArt M 113 G3 EFT GE** | **Minenwurfpanzer M 113 GE** |
|---|---|---|---|
| Hersteller | **FMC<br>FFG** | **FMC<br>FFG<br>Henschel Wehrtechnik** | **FMC<br>Firma Scherer** |
| | 1999 | ab 2001 | ab 1986 |
| **Motor** | | | |
| | MTU Dieselmotor<br>6 V 183 TC22<br>6-Zylinder-Viertakt<br>Abgasturbo V-Motor | MTU Dieselmotor<br>6 V 183 TC22<br>6-Zylinder-Viertakt<br>Abgasturbo V-Motor | Detroit Diesel Engine<br>6 V 53<br>6-Zylinder-Zweitakt<br>V-Dieselmotor mit Direkteinspritzung |
| Leistung kW(PS)/$min^{-1}$ | 220(300)/2100 | 220(300)/2100 | 154(210)/2800 |
| Hubraum ($cm^3$) | 10.960 | 10.960 | 5220 |
| **Getriebe** | | | |
| | ZF, LSG 1000<br>Sechsgang-Planetengetriebe<br>6 Vor-, 2 Rückwärtsgänge | ZF, LSG 1000<br>Sechsgang-Planetengetriebe<br>6 Vor-, 2 Rückwärtsgänge | Allison TX-100<br>Automatisches<br>Dreigang-Schaltgetriebe<br>3 Vor-, 1 Rückwärtsgang |
| **Allgemeine Daten** | | | |
| Gesamtmaße (L x B x H) (mm) | 5120 x 2690 x 2600<br>(7160 Radarmast ausgefahren) | 5350 x 2690 x 2600 | 5870 x 2680 x 2750<br>(Oberkante Fahrerkabine) |
| Auflagelänge der Kette (mm) | 2650 | 2650 | 2850 |
| Spurweite (mm) | 2160 | 2160 | 2160 |
| Kettenbreite (mm) | 341 | 341 | 381 |
| Bodenfreiheit (mm) | ca. 340 | ca. 340 | ca. 406 |
| Wattiefe (mm) | 1400 | 1400 | 1140 |
| Leergewicht (mm) | 12.900 | 13.540 | 9120 |
| Gefechtsgewicht (kg) | 13.200 | 13.940 3) | 11.430 |
| Höchstgeschwindigkeit (Straße) (km/h) | 62 | 62 | ca. 69 |
| Bewaffnung | 1 Mg 3, 7,62 mm x 51<br>Nebelmittelwurfanlage | 1 Mg 3, 7,62 mm x 51<br>Nebelmittelwurfanlage | 1 MG 3, 7,62 mm x 51<br>Beladung pro Minenwurfeinrichtung: 120 Stück<br>Minenkapazität: 600 Stück |
| Besatzung | 5 | 4 | 2 |

1) mit Schutzverbesserung 2) Höhe mit geöffneter Kdt-Luke 3) je nach Ausführung (siehe Seite 26)

Das 1968 eingeführte Trägerfahrzeug Green Archer wurde im Artilleriebataillon (BeobBtl der Div, Heeresstruktur 4) als Aufklärungsfahrzeug eingesetzt. Es kann mit seinem von einem britischen Schiffsradar abgeleiteten Radargerätesatz Geschossflugbahnen der feindlichen Artillerie, primär Erkundung von feindlichen Mörserstellungen, bis zu 16 km Entfernung vermessen. (01)

Trägerfahrzeug Green Archer mit beigeklappter Antenne in Transportlage. (01)

Der Schreibfunkpanzer VHF M 113 dient als Verbindungstrupp zu Nachbarbrigaden und vorgesetzten Kommandobehörden. Der Einbausatz ist stationär im Mannschaftsraum installiert. Sende- und Empfangsbetrieb sind während der Fahrt möglich. (71)

Der Führungsfunkpanzer M 113 dient als Führungs- und Funkzelle. Von hier werden die unterstellten Einheiten geführt und die Verbindung zu den vorgesetzten Kommandos und Nachbarverbänden gehalten. 1996 war der FüFuPz M 113 in insgesamt 18 unterschiedlichen Varianten eingeführt. (71)

Der Richtfunkmultiplexpanzer M 113 diente als Richtfunk-Verbindungstrupp im Richtfunknetz der Kommandobehörden (nicht mehr in der Nutzung). (71)

Geräteträger Rechnerverbund Artillerie M 113 mit SEA 1,9 kW. Der Artillerie-, Daten-, Lage- und Einsatz-Rechnerverbund (ADLER) stellt die Verbindungen und den digitalen Datenaustausch zwischen den Gefechtsständen der Artillerieverbände und den Subsystemen bis zur Zugebene sicher. Durch Koordinierung und Realisierung von Schnittstellen schafft ADLER die Voraussetzung für den Informationsaustausch im Systemverbund Artillerie zu den anderen DV-Systemen des Heeres und zu jenen der NATO-Partner. Die Variante FUO wird im PzArtBtl als Bindeglied zwischen den VB und S3 des Btl eingesetzt. Die Variante FüFlSt ist die Feuerleitstelle für die PzH 2000 im ArtBtl. (71)

Geräteträger Rechnerverbund Artillerie M 113 mit Klimaanlage und Schutzverbesserung. (71)

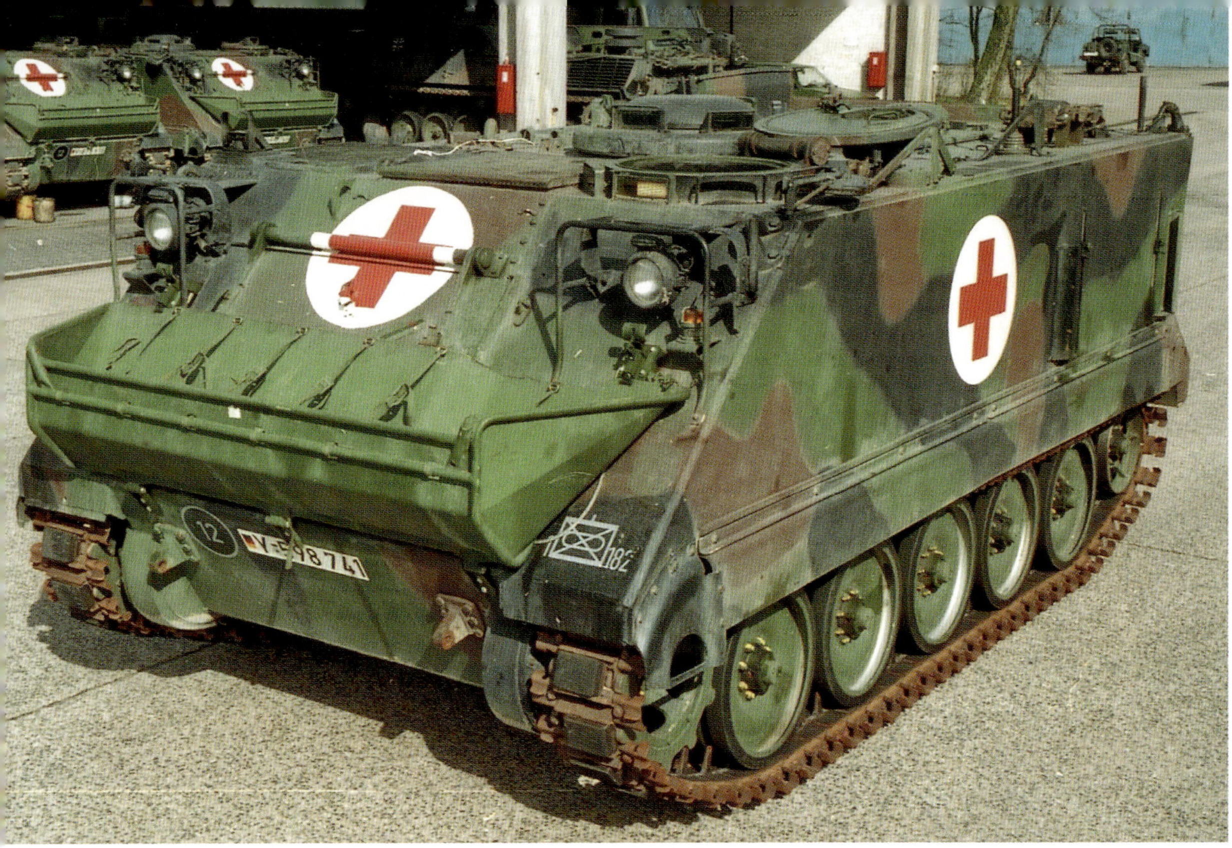

Der Krankenkraftwagen M 113 A2 GE dient dem Verwundetentransport und wird im Wesentlichen im vorderen Gefechtsfeld eingesetzt. Im Krankentransportraum befinden sich vier Krankentragen auf hochklappbaren Halterungen. Für den Transport von sitzenden Verwundeten können die oberen Tragenhalterungen hochgeklappt, die Krankentragen verstaut und die Sitzbänke abgeklappt werden (nicht mehr in der Nutzung). (71)

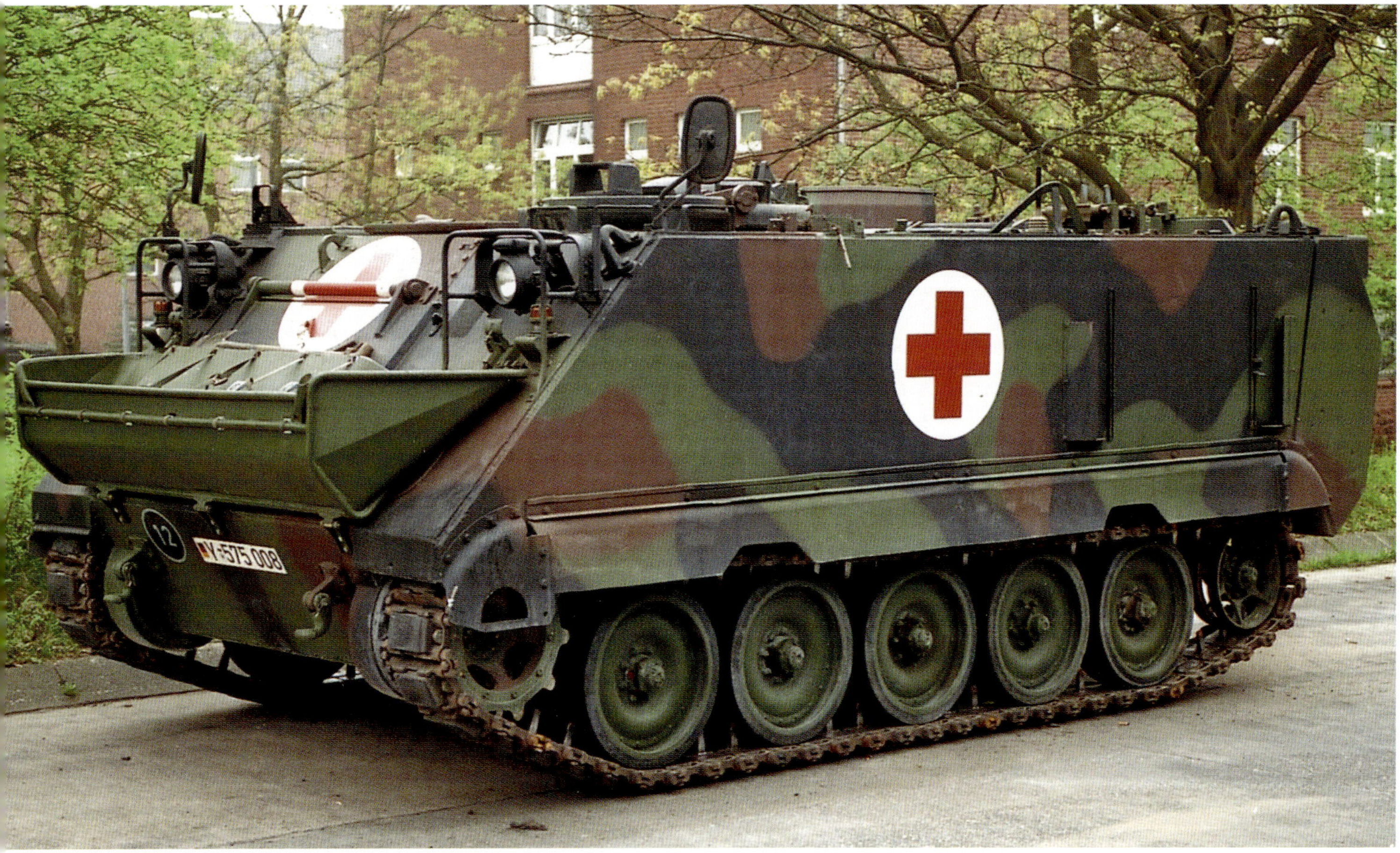

Krankenkraftwagen M 113 A2 EFT GE A0 mit der neuen Gleisverbinderkette Typ 513 und geänderten Kettenblenden (nicht mehr in der Nutzung). (71)

Fahrschulpanzer M113 in der ursprünglichen Ausführung mit einem Wetterschutz versehen. (80)

Der Fahrschulpanzer M 113 G2 GE wird in den Fahrschulkompanien als Schulungsfahrzeug für Kraftfahrer eingesetzt. Im Mannschaftsraum befindet sich der Platz des Fahrlehrers mit Übersteuerungseinrichtung, dahinter zwei Sitzplätze für Fahrschüler. Auf dem vergrößerten Dachausschnitt ist die abgeänderte Fahrschulkabine des KPz Leopard 1 angebracht. Um die Belastung durch Schwingung und Lärm für Fahrschüler und Fahrlehrer zu verringern, erhielt der Schulpanzer ein abgekoppeltes Laufwerk. (71)

Der Minenwurfpanzer M 113 Skorpion (Trägerfahrzeug M 548 G A1) basiert auf einer Abwandlung des Fahrgestells M 113, auf dessen Ladefläche die Minenwurfanlage montiert ist. Diese besteht aus 2x3 Minenwurfeinheiten, die auf einer dachförmigen Plattform verstellbar angebracht sind. Jede Minenwurfeinheit kann fünf Minenmagazine mit jeweils 20 Minen aufnehmen. Nach dem Ausstoß richten sich die Minen nach dem Auftreffen auf den Boden selbsttätig auf. Mit dem Minenwurfsystem Skorpion können 600 Minen auf einer Länge von 1500 m und ca. 50 m Breite, bei einer Verlegedichte von 0,4 Minen pro Meter, in ca. fünf Minuten gelegt werden. Mit dem Einstell-, Prüf- und Abfeuergerät (EPAG) kann die Wirkzeit, Minendichte, Ausstoßseite und Ausstoßart programmiert werden. Das 1986 eingeführte Minenwurfsystem gehört zur Ausstattung der Panzerpionierkompanien, der mechanisierten Brigaden und der Pionierbataillone der Divisionen. Seit 2013 aus der Nutzung. (71)

## 1.6 Schützenpanzer Marder

Der Schützenpanzer, lang, Gruppe, (Marder) sollte wie sein Vorgänger HS 30 das Grundmodell einer geplanten »leichten Panzerfamilie« bilden. Zehn Varianten waren vorgesehen, als 1960/61 die ersten Prototypen des neuen Schützenpanzers aus den Werkshallen rollten:

- Schützenpanzer (SPz), lang, Gruppe
- Schützenpanzer Führung und Funk
- Jagdpanzer, Kanone
- Jagdpanzer, Rakete
- Spähpanzer mit 90-mm-Bordkanone
- SPz Flakzwilling 30 mm
- SPz Mörserträger 81 mm und 120 mm
- SPz Raketenwerfer, mehrfach, leicht
- SPz Krankenkraftwagen
- SPz Transporter

Der vielseitige Kampfauftrag der Panzergrenadiertruppe schlug sich zwangsläufig in den Forderungen für die Entwicklung des Schützenpanzers nieder. Weiter verhinderten technische Probleme eine zügige Umsetzung der Planung. Daher wurde die Entwicklung der Jagdpanzer Kanone und Rakete vorgezogen und 1967 erfolgreich abgeschlossen. Wirtschaftliche und konzeptionelle Gründe ließen die beabsichtigte Variantenvielfalt schrumpfen, sodass am Ende nur der Schützenpanzer, lang, Gruppe, (Marder) übrig blieb.
1968 bauten Thyssen Henschel/Kassel und MaK/Kiel eine 0-Serie von zehn Fahrzeugen, die der späteren Serienausführung schon sehr nahe kam.
Am 7. Mai 1971 rollten die ersten Serienfahrzeuge aus den Werkshallen und bis zum Fertigungsende 1975 wurden insgesamt 2136 Schützenpanzer Marder ausgeliefert.
Besondere Merkmale sind die nach vorne stark abfallende Wannenfront des Triebwerkraumes, in dem sich der Motor mit den Baugruppen für die Kraftübertragung befindet. Links davon ist der Kraftfahrer platziert. Das Rollenlaufwerk besteht aus je sechs Laufrollen und drei Stützrollen, geschützt durch eine Panzerschürze. Der Kampfraum für die PzGrenGrp befindet sich hinter dem Zweimanndrehturm der 20-mm-Bordkanone mit koaxialem MG 7,62 x 51 mm in außen liegender Scheitellafette. Die Panzergrenadiere können unter vollem Panzer- und ABC-Schutz durch je zwei Kugelblenden mit Handfeuerwaffen (MPi) wirken.
Auf dem Heck, in einer gepanzerten, außen liegenden Scheitellafette, befindet sich ein MG 7,62 x 51 mm. Als Sekundärschutz werden Nebelmittelwurfbecher mitgeführt. Das Fahrzeug ist tiefwatfähig.
Bald nach Einführung des SPz Marder fand von 1977–1979 eine Nachrüstung aller Schützenpanzer mit dem PzAbwLFK Milan statt, um der Bedrohungslage durch den Warschauer Vertrag gerecht zu werden. Der PzAbwLFK Milan kann entweder vom Turm aus oder abgesetzt eingesetzt werden.
Eine Kampfwertsteigerung fand 1979–1982 statt. Der Schwerpunkt lag in der geänderten Munitionszuführung. Nachgerüstet wurde eine Doppelgurtzuführung für die 20-mm-Maschinenkanone zum wahlweisen Verschießen von Sprengbrand- und panzerbrechender Treibspiegelmunition sowie eine Ausstattung mit passiven Nachtsichtgeräten.
Alle 2136 SPz Marder wurden zu SPz Marder A1 bzw. A 1A nachgerüstet. Die mit einem passiven Nachtsichtgerät (WOE) ausgerüsteten 1024 Fahrzeuge führten die Bezeichnung Schützenpanzer Marder A1. Der verbliebene Anteil erhielt keine Nachtsichtausrüstung und behielt sein aktives Infrarotgerät, wurde jedoch für eine spätere Nachrüstung mit Wärmebildgerät vorgesehen. Dessen Bezeichnung lautete Schützenpanzer Marder A 1A.
Bei einer weiteren Kampfwertsteigerung 1984–1989 wurden an allen Schützenpanzern dieses Typs Änderungen am Panzerturm und am Fahrgestell vorgenommen. Im Einzelnen waren dies:

- Wegfall der MG-Hecklafette.
- Einbau einer Winkelspiegel-Reinigungsanlage für den Kraftfahrer.
- Umrüstung auf Wärmebildgeräte mit gesondert entwickeltem Einbausatz.
- Funkumrüstung.
- Nachrüstung für die Aufnahme und den Betrieb des Nachtsichtgerätes MIRA des PzAbwLenkwaffensystems Milan.

Aus Gründen der Planung und Materialsteuerung erhielten alle vom SPz Marder abgeleiteten Modelle und Versionen die Bezeichnung SPz Marder 1. Die Fahrzeugbezeichnung der Kampfwertsteigerung von 1984–1989 lautete für ein Fahrzeug mit Wärmebildgerät, jedoch ohne zweite Funkumrüstung, Schützenpanzer Marder 1 A2.
Die dritte Kampfwertsteigerung des SPz Marder fügte sich 1989 nahtlos an die Vorgängermodelle SPz Marder 1 A1/A2 an. Sie umfasste eine bedrohungsgerechte Verbesserung des passiven Panzerschutzes aus Panzerstahl in Schottbauweise. In der Wannenfront entfiel die Luke hinter dem Fahrer. Im neuen Wannendach wurden nur noch drei Luken eingebaut und außen an den Seiten Staukästen angebracht. Der Kampfraum wurde optimiert, die Kugelblenden entfielen und die Fahrzeuge bekamen eine neue Funkausstattung. Der Turm, seine Scheitellafette und das Wärmebildgerät erhielten ebenfalls eine Zusatzpanzerung. Die 20-mm-BMK wurde beibehalten, jedoch das MG 7,62 mm an die linke Seite der Scheitellafette verlegt. Durch die Zusatzpanzerung erhöhte sich das Gewicht auf 33.500 kg. Die Bezeichnung des Schützenpanzers lautete jetzt: Schützenpanzer Marder 1 A3.

Ende 1998 war mit der Umrüstung von 2097 Fahrzeugen die Kampfwertsteigerung abgeschlossen.

Für die Ende der 90er-Jahre aus der Nutzung genommenen Beobachtungspanzer (siehe Seite 193) wurde eine Anzahl SPz Marder 1 A3 zum vorgeschobenen Beobachter (VB) umgerüstet. Die Panzerabwehrwaffe MILAN und der Einbausatz MIRA entfielen. Die Fahrzeuge wurden für die PzMrsKp mit dem Zielortungsgerät (ZOG) TZG 90 und mit dem Einbausatz VB PzMrs ausgerüstet. Auch die Artillerie verwendet seit dem 4. Quartal 2003 den SPz Marder 1 A3 als Transportfahrzeug für ihren VB-Trp mit der Bezeichnung Schützenpanzer Marder 1 A3/VB-Trp PzMrs.

Die Führungspanzer der BtlKdr der PzGrenBtl erhielten mit dem SEM 93 eine verbesserte Führungsfähigkeit und werden als Schützenpanzer Marder 1 A4 bezeichnet.

Die Erfahrungen der Bundeswehr bei internationalen Einsätzen zeigten deutlich, dass ihren Einsatzfahrzeugen ein bedrohungsgerechter Minenschutz fehlte. Unter Federführung des BWB wurde in den 90er-Jahren ein nachträglicher Schutz entwickelt und in einem SPz Marder 1 A3 eingebaut. Dazu wurde der Innenraum vollständig umgestaltet. Der Marder wurde mit einem adaptiven Minenschutz außen am Wannenboden und einem integrierten Minenschutz innen am Wannenboden ausgestattet.

Wegen der Verformung des Unterbodens im Falle einer Minendetonation befestigte man die Sitzgestelle der Besatzung an der Decke des Kampfraumes und rüstete diese mit Fußstützen aus.

Diese und weitere begleitende Maßnahmen im Innenraum führten dazu, dass die Besatzung gegen so genannte *schwere Panzerabwehrblastminen* und gegen projektilbildende Minen geschützt ist. Durch neue Kettenblenden aus homogenem Stahl wurde weiterhin der ballistische Schutz erhöht.

Das nunmehr als **Schützenpanzer Marder 1 A5** bezeichnete Fahrzeug, dessen Gesamtgewicht auf ca. 38.500 kg angestiegen ist, erhielt wegen der höheren Anforderungen an das Schutzsystem ein modifiziertes Laufwerk, ein leistungsgesteigertes Bremssystem und eine neue, auf 500 mm verbreiterte Gleiskette.

Das erste von 74 Serienfahrzeugen wurde am 18. Dezember 2002 der Truppe übergeben. Der letzte kampfwertgesteigerte Marder 1 A5 wurde in der zweiten Jahreshälfte 2005 ausgeliefert. Die verschärfte Sicherheitslage im Afghanistaneinsatz machte es erforderlich, dass 2007 die ersten Marder 1 A5 in das Krisengebiet geschickt wurden.

In Zeiten des *Kalten Krieges* für den europäischen Kriegsschauplatz entwickelt, kamen die Marder und ihre Besatzungen bei den Einsätzen in den Sommermonaten Afghanistans sehr schnell an ihre Leistungsgrenzen.

Als Reaktion darauf wurde im Oktober 2009 die Beschaffung von zunächst 10, später weiteren 25 SPz Marder1 A5 mit Raumkühlanlage (RKA) als einsatzbedingter Sofortbedarf beschlossen. Im Dezember 2010 wurden die ersten zehn, jetzt als **SPz Marder 1 A5A1** bezeichneten Schützenpanzer nach Afghanistan geliefert.

Anfangs war dem SPz Marder 1 A5A1 das Waten und Tiefwaten mit der RKA aus Sicherheitsgründen verboten. Erst die Nachrüstung mit einer Wanne und Tiefwatplane ermöglichte es dem Fahrzeug, mit der geschlossenen Tiefwatplane zu tiefwaten.

Neben der Raumkühlanlage wurden die kampfwertgesteigerten SPz Marder 1 A5A1 auch mit der Mobilen Multispektralen Tarnausstattung (MMT) vom schwedischen Hersteller Saab Barracuda AB ausgerüstet. Die MMT dient neben dem Tarneffekt im sichtbaren- und Infrarotbereich auch der Reduzierung der direkten Sonneneinstrahlung auf das Fahrzeug. Zum Schutz gegen funkausgelöste IED (Improvised Explosive Devices) ist der SPz Marder 1 A5A1 mit der Schutzausstattung CG-12 ausgerüstet. Bis August 2011 wurden alle 35 Marder 1 A5 auf den Stand Marder 1 A5A1 umgerüstet und ausgeliefert.

Die weiteren Erfahrungen aus den Einsätzen zeigten, dass ein zusätzlicher Bedarf an Schutzaufbauten und ein externes Verstaukonzept für die aus den Heckluken agierenden Panzergrenadiere bestand. Bisher wurde im Einsatz durch Eigenbau weiterer Schutz und Stauraum geschaffen, der zugleich auch als Waffenauflage genutzt wurde. Hierbei wurden entflammbare Hesco-Matten, Sandsäcke, Draht, Stoff und auch Holz verbaut oder aber Stahlplatten mit Holzvorbau an der Verschraubung der Zusatzpanzerung befestigt.

Durch eine ESB-Maßnahme wurden im April und Mai 2012 neue Schutzaufbauten und ein neues Verstaukonzept entwickelt. Es besteht aus auf dem Wannendach montierten Schutzaufbauten, mit diversen Einzelmodulen aus homogenem Panzerstahl mit Linerauflage und integrierter Gewehrauflage. Weitere zusätzliche Verstaumöglichkeiten wurden außerhalb auf den seitlichen Staukästen und an den Platten der Schutzaufbauten durch textile Stautaschen geschaffen.

Die Umrüstung der Fahrzeuge erfolgt vor Ort in Afghanistan. Die ersten SPz Marder 1 A5A1 mit Schutzaufbauten und neuen externen Verstaumöglichkeiten liefen im 4. Quartal 2012 der Truppe zu.

Als weitere Maßnahmen für das Jahr 2013 ist noch die Einrüstung einer Brandunterdrückungsanlage, die Beschaffung eines modernes Wärmebildgerätes für eine bessere Nachtsichtfähigkeit des Militärkraftfahrers und die Reduzierung der Besatzungsanzahl im hinteren Kampfraum auf drei Soldaten vorgesehen. Letztere Maßnahme resultiert aus den Einsatzerfahrungen in Afghanistan. Auf dem freigewordenen Platz ergaben sich weitere Freiräume für die Realisierung von Verstaumöglichkeiten.

Insgesamt sollen 34 SPz Marder 1 A5A1 bis Ende 2013 mit

der neuen Verstaumöglichkeit ausgerüstet werden. Im Juli 2013 befanden sich 25 SPz Marder 1 A5A1 in Afghanistan im Einsatz.
Insgesamt **36 Fahrschulpanzer** mit Fahrgestell **SPz Marder 1 A2** erhielten die bewährte Fahrschulkabine des KPz Leopard 1 in angeglichener Form.
2003 wurde ein neuer **Fahrschulpanzer** erprobt. Das Fahrzeug hat das Fahrgestell des **SPz Marder 1 A3**, behält jedoch die Kabine des Fahrschulpanzers Marder 1 A2. Bis Ende 2005 waren alle Fahrschulpanzer auf den Stand Fahrschulpanzer Marder 1 A3 umgerüstet.

Bereits Mitte der 80er-Jahre ließ die Bundeswehr einen Nachfolger für den SPz Marder 1 entwickeln, der eine neue Wanne, eine Bordkanone größeren Kalibers (35 mm), einen neuen Turm, einen verbesserten Kampfraum und eine niedrigere Silhouette erhalten sollte. Unter der Bezeichnung **Schützenpanzer Marder 2** wurde ein Prototyp gebaut und eingehenden Erprobungen unterzogen. Das aussichtsreiche Projekt fiel jedoch dem Rotstift zum Opfer.
Der SPz Marder wird weiterhin das Hauptwaffensystem der Panzergrenadiere bleiben, bis er im Zuge der Puma-Auslieferung vollständig abgelöst wird.

**Schützenpanzer Marder in der Version 1977–1979 mit 20-mm-BMK, PzAbw-LFK Milan und Hecklafette mit Maschinengewehr Kaliber 7,62 mm x 51. (06)**

Schützenpanzer Marder 1 A1. (15)

Schützenpanzer Marder 1 A2 mit LFK Milan. (71)

Schützenpanzer Marder 1 A3 mit LFK Milan. (71)

Schützenpanzer Marder 1 A3/VB-Trp PzMrs. (01)

Schützenpanzer Marder 1 A3/VB-Trp PzMrs mit aufgesetztem ZOG TZG 90. (01)

## Schützenpanzer Marder, Marder 1 A3

| Bezeichnung | Schützenpanzer Marder | Schützenpanzer Marder 1 A3 |
|---|---|---|
| Hersteller | Rheinstahl-Henschel<br>Atlas-MaK | Flensburger Fz-Bau FFG<br>Henschel-Wehrtechnik<br>Industriewerke Saar<br>KuKa Wehrtechnik<br>Thyssen Henschel |
| | 1970–1975 | 1989–1998 |
| **Motor** | | |
| | MTU<br>MB 833 Ea-500<br>6-Zylinder V-90°<br>Viertakt-Dieselmotor mit Vorkammereinspritzung | |
| Leistung kW(PS)/min$^{-1}$ | 441(600)/2200 | |
| Hubraum (cm$^3$) | 22.400 | |
| **Getriebe** | | |
| | Renk HSWL 194 Hydromechanisches Schalt-,<br>Wende- und Lenkgetriebe mit halb- und vollautomatischer Schalteinrichtung<br>4 Vorwärts-, 4 Rückwärtsgänge | |
| **Allgemeine Daten** | | |
| Gesamtmaße (L x B x H) (mm) | 6790 x 3240 x 2957<br>(Breite ohne Kettenschürzen)<br>(Höhe OK Turm) | 6880 x 3380 x 3015<br>(Höhe OK Turm) |
| Spurweite (mm) | 2620 | 2620 |
| Auflagelänge der Kette (mm) | 3900 | 3900 |
| Kettenbreite (mm) | 450 | 450 |
| Bodenfreiheit (mm) | 440 | 455 |
| Wattiefe (mm) | 1500 | 1500 |
| Tiefwatfähig (mit Tiefwatschacht) (mm) | 2000 | 2000 |
| UF-Fähigkeit (mm) | --- | --- |
| Gefechtsgewicht (kg) | 28.200 | 33.500 |
| Höchstgeschwindigkeit (Str./Gel.) (km/h) | ca. 75 (BW 50)/ | ca. 65 (BW 50)/ |
| Bewaffnung | 1 MK 20-mm-L/85 im Turm<br>1 MG 7,62 mm x 51 koaxial im Turm<br>Nebelmittelwurfanlage | 1 MK 20-mm-L/85 im Turm<br>1 MG 7,62 mm x 51 koaxial im Turm<br>PzAbwLFK MILAN<br>Nebelmittelwurfanlage |
| Besatzung | 9 | 9 |

Schützenpanzer Marder 1 A5 mit den typischen Staukästen und neuer Kettenblende. (71)

Schützenpanzer Marder 1 A5. (71)

**Schützenpanzer Marder 1 A5 mit Mobiler Multispektralen Tarnausstattung (MMT). (58)**

**Schützenpanzer Marder 1 A5A1 mit neuen Schutzaufbauten und Verstaukonzept. Das Fahrzeug ist mit der Mobilen Multispektralen Tarnausstattung versehen. (95)**

In der Heckansicht sind die neuen Schutzelemente gegen die Bedrohung durch Handfeuerwaffen sichtbar. Links befindet sich das Aggregat für die Raumkühlanlage. Fast alle Elemente sind mit der neuen Mobilen Multispektralen Tarnausstattung versehen. Ein ungewohnter Anblick in unseren Breiten ist der Sonnenschirm, der ein Teil der Thermo-Schutz-Ausstattung ist. (95)

Fahrschulpanzer Marder 1 A2. (69)

Fahrschulpanzer Marder 1 A3. (62)

Prototyp Schützenpanzer Marder 2 mit der neu entwickelten 35-mm-Bordmaschinenkanone. (15)

**Rückansicht des Prototyp Schützenpanzers Marder 2. (15)**

## Schützenpanzer Marder 1 A5, Marder 1 A5A1

| **Bezeichnung** | **Schützenpanzer Marder 1 A5** | **Schützenpanzer Marder 1 A5A1** |
|---|---|---|
| Hersteller | **Rheinmetall Landsysteme** | **Rheinmetall Landsysteme** |
| | 2002 | 2010 |
| **Motor** | | |
| | MTU<br>MB 833 Ea-500<br>6-Zylinder V-90°<br>Viertakt-Dieselmotor mit Vorkammereinspritzung | |
| Leistung kW(PS)/$min^{-1}$ | 441(600)/2200 | |
| Hubraum ($cm^3$) | 22.451 | |
| **Getriebe** | | |
| | Renk HSWL 194 Hydromechanisches Schalt-, Wende- und Lenkgetriebe mit halb- und vollautomatischer Schalteinrichtung 4 Vorwärts-, 4 Rückwärtsgänge | |
| **Allgemeine Daten** | | |
| Gesamtmaße (L x B x H) (mm) | 6880 x 3380 x 3015[1)] | 7767[2)] x 3450 x 3015[1)] |
| Spurweite (mm) | 2620 | 2620 |
| Auflagelänge der Kette (mm) | ca. 3900 | ca. 3900 |
| Kettenbreite (mm) | 500 | 500 |
| Bodenfreiheit (mm) | 425 | 428 |
| Wattiefe (mm) | 1500 | 1500 |
| Tiefwatfähig (mit Tiefwatschacht) (mm) | 2000 | 2000[3)] |
| UF-Fähigkeit (mm) | --- | --- |
| Zulässiges Gesamtgewicht (kg) | 38.500 | 38.500 |
| Gefechtsgewicht (kg) | 37.500 | 38.285 |
| Höchstgeschwindigkeit (Str./Gel.) (km/h) | ca. 65 (BW 50)/ | ca. 65 (BW 50)/ |
| Bewaffnung | 1 MK 20-mm-L/85 im Turm<br>1 MG 7,62 mm x 51 koaxial im Turm<br>PzAbwLFK MILAN<br>Nebelmittelwurfanlage | |
| Besatzung | 9 | 6 |

1) Höhe OK Turm 2) Länge mit RKA 3) Die Konsole der RKA ist mit einer Wanne und Tiefwatplane, die im geschlossenen Zustand das Tiefwaten des Fahrzeuges ermöglicht, versehen. Bei Nichtbenutzung der RKA bleibt diese aus Schutz vor Verschmutzung mit der Plane bedeckt.

## 1.7 Schützenpanzer Puma

Vom SPz Marder 2 über die SPz Panther und Igel zum SPz Puma – so sieht der lange Weg zum neuen Schützenpanzer der Bundeswehr aus. Bereits 1981 in den »Planvorstellungen des Heeres für die gepanzerten Kampftruppen der 90er-Jahre« gefordert, wurde 1984 die – taktische Forderung – für die Ablösung des SPz Marder 1 gebilligt. Am 17.09.1991 lieferte die Firma Krauss-Maffei einen Versuchsträger, den Marder 2, aus. Das Fahrzeug hatte eine neue Wanne, eine Bordkanone größeren Kalibers (35 mm), einen neuen Turm und einen verbesserten Kampfraum. Nach eingehenden Erprobungen fiel das Projekt 1992 der politischen Wende zum Opfer.
Der angedachte SPz Marder 2-Nachfolger sollte aus dem Großvorhaben »Neue gepanzerte Plattformen (NGP)« entstehen. Jedoch machte der Plan der Europäischen Union, in 60 Tagen eine Einsatzgruppe von bis zu 60.000 Mann weltweit einsetzen zu können, auch dieses Vorhaben zunichte. Es scheiterte an der geforderten Luftverladbarkeit und bedeutete das Aus für den »Neuen Schützenpanzer« (NeSPz).
Fast zehn Jahre waren seit Einstellung des Projekts SPz Marder 2 vergangen, bis die deutsche Industrie wieder an der Schwelle zur Unterzeichnung für die Entwicklung eines neuen Schützenpanzers stand. Krauss-Maffei Wegmann und Rheinmetall Landsysteme hatten das Gemeinschaftsunternehmen Panther System und Management GmbH (PSM) zur Entwicklung des SPz Panther gegründet. Der neue Schützenpanzer sollte den schon seit 30 Jahren im Dienst befindlichen SPz Marder ablösen. Da der Hersteller jedoch frühestens 2008 als Liefertermin in Aussicht gestellt hatte, wurde das Vergabeverfahren am 12. Juli 2002 gestoppt. Begründet wurde der Sinneswandel mit der Verfügbarkeit des neuen Schützenpanzers. Das BMVg wollte den Nachfolger des SPz Marder schon 2004 einsetzen, da dringender Einsatzbedarf bestand. Eine völlige Neuentwicklung, wie sie der SPz Panther dargestellt hätte, war bis 2004 ausgeschlossen. So schien die Ersatzbeschaffung zwischenzeitlich auf ein ausländisches Modell zuzulaufen.
Am 12. September 2002 gab jedoch der Haushaltsausschuss des Bundestages Grünes Licht für die Projektierungsphase des neuen Schützenpanzers mit der Bezeichnung **Igel**. Krauss-Maffei Wegmann und Rheinmetall Landsysteme gingen auch für dieses Projekt ein *Joint Venture* ein und stellten am 20. Dezember 2005 den ersten Prototypen des NeSPz, der 2003 in **Schützenpanzer Puma** umbenannt wurde, dem öffentlichen Auftraggeber vor. Anlässlich der 50-Jahrfeier des Heeres in Munster wurde der SPz Puma am 2. Mai 2006 das erste Mal der Öffentlichkeit vorgestellt.
410 SPz Puma sollten für das Heer beschafft werden, fünf davon sind Vorserienfahrzeuge. Die wesentlichen technischen Merkmale:

- In der Grundversion (Konfigurationsstufe A) < 31,5 t, um mit dem Bundeswehr-Transportflugzeug Military Airbus A400M transportiert zu werden. Der Transport von drei SPz Puma mitsamt der kompletten Schutzausstattung erfolgt in vier Military Airbussen A400M, wobei die Schutzausstattung in einem Transportflugzeug transportiert wird.
- In der höchsten Konfigurationsstufe C wird durch Anbau von Schutzmodulen ein maximal zulässiges Gesamtgewicht von 43 t erreicht.
- Wannenausführung in Dünnblechbiegetechnologie mit adaptierbaren Schutzelementen. Die Wanne besteht im Frontbereich aus dem Triebwerkraum und ist durch eine Schottwand vom dahinter liegenden Kampfraum getrennt. Der Triebwerkraum ist gas- und wasserdicht.
- In der Grundversion (Konfigurationsstufe A) Schutz gegen Blast- und projektilbildende Minen.
- Ballistischer Schutz (Grundversion und Konfigurationsstufe C) gegen Bomblets, Artilleriesplitter, Panzerfaust, KE-Geschosse, Schutz gegen IED.
- Durch ABC-Schutzausstattung auch Einsatz im verstrahlten, verseuchten oder vergifteten Gelände.
- Einsatz eines sehr kompakten Antriebes.
- Verwendung eines »Abgekoppelten Laufwerkes«, um die Akustik und Schwingungsbelastung entscheidend zu reduzieren.
- Zahlreiche einander ergänzende optische und optronische Sichtmittel.
- Zur Beobachtung des Gefechtsfeldes steht eine Waffenoptik mit optronischer Zieleinrichtung, (Tag-/Nachtkanal) und Laserentfernungsmesser zur Verfügung. Zusätzlich verfügt der SPz Puma über ein zweites Rundumsichtperiskop mit glasoptischer Vergrößerung, Wärmebildgerät und Laserentfernungsmesser (somit Realisierung der Hunter-Killer-Fähigkeit).
- Unbemannter ferngesteuerter Turm mit einer 30-mm-Maschinenkanone als Hauptbewaffnung und achsparallel ein MG Kaliber 5,56 mm.
- Die Besatzung besteht aus einer dreiköpfigen Kernbesatzung (Militärkraftfahrer, Gruppenführer und Truppführer Waffensystem) und einer sechsköpfigen Absitzkomponente (fünf Schützen und ein Schützentruppführer)

Anfänglich war der SPz Puma nur mit 5 Laufrollen je Seite ausgestattet. Die Erprobungen zeigten, dass nur mit 6 Laufrollen je Seite das entkoppelte Stützrollenlaufwerk mit hydraulischem Endanschlag und hydropneumatischen Feder-/Dämpferelementen die notwendige optimale Kettenführung für eine hohe Geländebeweglichkeit erbringt.
Eine Besonderheit ist der Laufwerksträger, der nicht nur die Laufwerkskomponenten aufnimmt. Seine nicht genutzten Hohlräume werden als Kraftstoffhauptbehälter verwendet.

Ein ausgeklügeltes elektronisches System stellt die permanente Versorgung des Triebwerkes bei allen Fahrmanövern sicher.
Ein signifikantes Erkennungsmerkmal des SPz Puma ist der nach links zur Fahrzeugmitte versetzte unbemannte, ferngesteuerte Turm. Die Anordnung der Hauptwaffe befindet sich rechts, in nahezu zentraler Position des Fahrgestells. Die Sekundärbewaffnung ist rechts von der Hauptwaffe angeordnet. An der linken Turmaußenwand soll die Startplattform für das mehrrollenfähige Leichte Lenkflugkörpersystem (MELLS) adaptiert werden. Aktuell laufen an zwei Serienfahrzeugen die Integrationsarbeiten der Waffenanlage. Eine Ausstattung aller Schützenpanzer mit dem LFK-System ist nach dem erfolgreichen Abschluss der Entwicklung und Erprobung beabsichtigt. Auf dem Dach des Turms befindet sich das Rundblick-Periskop RTWL-B, versehen mit einer Schutzhaube und einem darüber befindlichen Dreibein zur Aufnahme des MUSS IR-Jammer. Dieser dient der Abwehr von Panzerabwehrraketen. Seitlich an den hinteren Turmwänden ist eine richtbare Nebelmittel-Wurfanlage mit 2 x 4-Wurfbechern angeordnet, die von der MUSS-Zentralelektronik aus gesteuert wird. Die Nebelmunition ist speziell für das MUSS-System entwickelt und erzeugt schnell einen vom sichtbaren bis zum weiten IR-Bereich wirkenden Nebel und zusätzliche IR-Strahlung. Mit ihr können gelenkte wie auch mit Suchkopf arbeitende Panzerabwehrlenkraketen gestört werden bzw. kann der Lenkschütze der Panzerabwehrlenkrakete irritiert werden.

Am 6. Dezember 2010 wurden in Kassel die ersten beiden Schützenpanzer der Serie planmäßig an das BWB zur Nachweisführung übergeben. Seitdem (Stand August 2014) wurden zwölf Schützenpanzer der Serie geliefert. Die Genehmigung zur Nutzung kann durch das BAAINBw, auf Basis aller Erprobungsergebnisse, für 2015 erwartet werden und damit die Auslieferung des SPz Puma an die Panzergrenadierverbände der Bundeswehr.
Für die Ausbildung von Militärkraftfahrern werden acht Fahrschulpanzer beschafft. Auf einem Serienfahrgestell wird eine Fahrschulkabine, ähnlich der des SPz Marder, gesetzt. Das angestrebte Gesamtgewicht des Fahrschulpanzers orientiert sich am Gesamtgewicht des SPz Puma (Konfigurationsstufe C) und wird ca. 42 t betragen.
Im Fahrschulpanzer sind grundsätzlich fünf Sitzplätze:

- 1x am Militärkraftfahrer-Platz mit dem Fahrschullehrer.
- 2x Sitzplatz in der Fahrschulkabine für:
  Prüfer und Fahrlehrer (bei Abnahmefahrt)
  **oder** Fahrlehrer und Fahrschüler (bei Ausbildungsfahrt).
- 2x Sitzplatz (original Schützensitze) im hinteren Kampfraum für zwei mitfahrende Fahrschüler.

Die seit 2010 erfolgte Neuausrichtung der Bundeswehr ging nicht ohne Stückzahlreduzierung an dem Puma-Projekt vorüber. Die Reduzierung um 55 Fahrzeuge auf eine Stückzahl von 350 SPz Puma passt in die neue Struktur des Heeres. Der Lieferzeitraum geht bis in das Jahr 2020. Dann soll gemäß Planung der letzte SPz Puma ausgeliefert werden.

**Rechte Seitenansicht des Schützenpanzers Puma mit Schutzmodulen und SLAT-Armor Schutz. Am Turm ist der Heckträger mit Wurfanlage MUSS und einem davor platzierten MUSS-Sensor erkennbar. Auf dem Turm das Peri RT. Es fehlt noch über dem Peri RT das Aufnahmegestell für den MUSS-Jammer. (97)**

Das Bild zeigt an dem Kühlaustritt der Motorbrennluft, wie stark der Panzerschutz des Pumas seit seiner ersten öffentlichen Vorstellung angewachsen ist. Um den Turmbereich herum ist die Bomblet Schutz-Panzerung erkennbar und unterhalb des Peri RT befindet sich der seitliche Hülsen- und Gurtgliederauswurf. (97)

Die Rückansicht zeigt anschaulich den SLAT-Armor Schutz im Heckbereich des Schützenpanzers zur Verbesserung des Rundumschutzes. Auf dem Wannendach ist die Dachreling zum Auflegen der Handfeuerwaffen erkennbar. An der linken Turmseite ist die große, freie Stelle für den späteren Anbau der MELLS-Startkontainer sichtbar. (40D)

Der Fahrschulpanzer Puma mit der für gepanzerte Fahrschul-Kettenfahrzeuge typischen Fahrschulkabine. Der Aufbau der Wanne entspricht dem des Serienfahrzeugs, lediglich der Schutz gegen Bomblets fehlt. (40D)

Rückansicht des Fahrschulpanzers Puma. Gut erkennbar die Fahrschulkabine, die beibehaltenen Schutzmodule und der SLAT-Armor Schutz. (40D)

## Schützenpanzer Puma

| **Bezeichnung** | **Schützenpanzer Puma** |
|---|---|
| Entwickler/Hersteller | **PSM Projekt System & Management GmbH**<br>**Krauss-Maffei Wegmann (KMW)**<br>**Rheinmetall Landsysteme (RLS)** |
| | seit 2002 |
| **Motor** | |
| | MT 892 KA-501 A<br>10-Zylinder-Viertakt-Dieselmotor mit Common Rail Einspritzsystem, zwei Abgasturbolader |
| Hubraum (cm³) | 11.113 |
| Leistung kW(PS)/min⁻¹ | 800(1088)/3800 |
| **Getriebe** | |
| | Renk HSWL 256 |
| **Allgemeine Daten** | |
| Gesamtmaße (L x B x H) (mm) | 7624 x 3955 x 3095 1) |
| Spurbreite (mm) | 2680 |
| Kettenbreite (mm) | 500 |
| Auflagelänge der Kette (mm) | 3930 |
| Bodenfreiheit (mm) | 450 (inkl. Minenschutz) |
| Wattiefe, ohne Vorbereitung (mm) | 1200 2) |
| Gewicht Konfigurationsstufe A 5) (kg) | 31.450 3) |
| Gewicht Konfigurationsstufe C 6) (kg) | 41.600 4) |
| Maximal zulässiges Gesamtgewicht (kg) | 43.000 |
| Höchstgeschwindigkeit (Vorwärts/Rückwärts.) (km/h) | 70/30 |
| Bewaffnung | Bordmaschinenkanone MK 30-2/ABM im Turm (Kaliber 30 mm x 173) und achsparallel 1 MG 4 (Kaliber 5,56 mm x 45 NATO)<br>Lenkflugkörpersystem SPIKE LR (EuroSpike)<br>Schützentruppbewaffnung durch turmunabhängige Sekundärbewaffnung 7)<br>Nebelmittelwurfanlage (2x 4) integriert in Multifunktionales Selbstschutzsystem (MUSS) |
| Besatzung | 9 (3 + 6) |

1) Höhe ohne IR-Jammer 2) je nach Vorbereitung 1500 mm – 1800 mm 3) Die Gewichtsreduzierung auf 31,5 Tonnen zur Luftverladung im A 400 M wird durch Demontage von Schutzmodulen erreicht 4) Kampfgewicht 5) A steht für air transportable 6) C steht für combat 7) vorgesehen

## 1.8 Schützenpanzer BMP 1 A1 Ost

763 Fahrzeuge der verschiedenen Varianten des sowjetischen Schützenpanzers BMP 1 der NVA waren nach der Wiedervereinigung für den weiteren Betrieb im damaligen *Bundeswehr-Kommando Ost* vorgesehen. Eine vergleichende Bewertung des Rad-Panzerfahrzeuges SPW-70 und des Ketten-Panzerfahrzeuges SPz BMP-1 führte zu dem Ergebnis, dass der Schützenpanzer BMP-1 übernommen wurde. Ihre Einplanung erfolgte nach der neuen Heeresstruktur 5 (NHNA) in den Brigaden 37–42 und dort bei den PzGrenBtl:

- 371 und 372
- 381 und 382
- 391 und 392
- 401 und 402
- 411 und 412
- 421 und 422

Je ein Bataillon war aktiv, das andere mob-beordert. Weitere Fahrzeuge befanden sich an der damaligen Kampftruppenschule 2 (heute Panzertruppenschule) zur Führerausbildung. Aufgebaut war der SPz BMP-1 SP-2 auf einer selbsttragenden Wanne mit Stützrollenlaufwerk und Gleiskette. Der 6-Zylinder-4-Takt-Dieselmotor leistete bei 15.900 cm³ 210 kW (286 PS) und saß vorn rechts. Die Höchstgeschwindigkeit an Land war 65 km/h. Die Gesamtmaße (L x B x H) betrugen: 6735 mm x 2940 mm x 2068 mm.

Das Fahrzeug war schwimmfähig und hatte ein Gefechtsgewicht von 13.300 kg. Der flache Turm nahm die 73-mm-Glattrohrkanone mit einem achsparallelen MG 7,62 mm auf. Die Kanonenmunition wurde während der Bundeswehrzeit zum Teil wegen Asbesthaltigkeit der Zündmittel gesperrt.
Eine Startvorrichtung für die Panzerabwehrlenkrakete (PALR) 9M14M »MALJUTKA« befand sich auf der Kanonenblende.
Die Besatzung bestand aus drei Mann und acht Mot.-Schützen. Zwei große Hecktüren, die gleichzeitig als Kraftstofftanks für je 55 Liter Diesel verwendet wurden, dienten zum Ein- und Aussteigen der aufgesessenen Infanterie.
Für den Betrieb in der Bundeswehr musste zuerst die Funktions- und Betriebssicherheit (FuBeSi) erstellt werden, ggf. auch mit Einschränkungen. Die wichtigsten Änderungen betrafen die Brems- und Vorwärmanlage, der 5. Gang wurde gesperrt, die beiden Tanks in den Hecktüren durch Ausschäumen dichtgesetzt. Der Ladeautomat im Turm für die Bordkanone wurde ausgebaut (in der NVA Ursache für

**Auf dem Bild ist ein Teil der vorgenommenen Änderungen an dem Schützenpanzer BMP 1 A1 Ost zu erkennen: die Aufstiegshilfe mit Haltegriffen auf der hinteren linken Kettenabdeckung, der rutschfeste Belag der Trittflächen, das Leitkreuz und die Beleuchtungsanlage. (71)**

Quetschverletzungen). Bevorzugt wurde daher der BMP-1P genommen, da er bereits ohne Ladeautomat ausgeliefert wurde.

Das Aufbringen von rutschhemmenden Belägen auf Wannen- und Turmflächen, das Anbringen von Haltegriffen und Aufstiegshilfen, eine Kampfraumheizung, das Leitkreuz, eine Beleuchtungsanlage gemäß StVZO und Rückspiegel erhöhten zusätzlich die Sicherheit des **Schützenpanzers BMP 1 A1 Ost**, wie er nun hieß.

Die Zulassung für den öffentlichen Straßenverkehr konnte nicht erfolgen, da die Kosten für diese Maßnahmen im Hinblick auf die begrenzte Nutzungsdauer zu hoch waren. Für den Betrieb bedeutete das oftmals, dass die Schützenpanzer mit entsprechenden Tiefladern zu ihren Truppenübungsplätzen transportiert wurden.

Bedingt durch Strukturanpassungen wurde die Umrüstung bei einer Stückzahl von 587 Schützenpanzern abgebrochen und die Fahrzeuge bereits ab 1993 aus der Nutzung genommen. Durch die Auflösung von vier mechanisierten Brigaden in den alten Bundesländern war die Möglichkeit gegeben, die SPz BMP 1 A1 Ost z.T. durch freigewordene SPz Marder 1 A3 zu ersetzen.

Die bisher genutzten SPz BMP 1 A1 Ost wurden verkauft (Griechenland kaufte 500, Schweden und Finnland zusammen 165 Schützenpanzer) oder sie wurden im Rahmen der internationalen Rüstungsbegrenzungsvereinbarungen verschrottet.

Der **Fahrschulpanzer BMP 1 A1** mit der Kabine 500 U blieb ein Einzelstück, da aus strukturellen Gründen keine weiteren Fahrzeuge beschafft wurden. Für den Fahrschullehrer wurde – wie beim MTW M 113 und beim Schützenpanzer Marder – eine verglaste Kabine anstelle des Waffenturmes eingesetzt. Als Grundlage diente die Fahrschulkabine des Fahrausbildungspanzers 500 U der ehem. NVA. Mit ihm wurden die Besatzungen für den T 55 und den T 72 auf einem modifizierten Fahrgestell der Fla-Selbstfahrlafette 57-2 ausgebildet. Das Fahrzeug wurde ebenfalls an Griechenland abgegeben.

**Seitenansicht des Schützenpanzers BMP 1 A1 Ost mit der flachen Silhouette des Turmes und der 73-mm-Bordkanone. (71)**

**Fahrschulpanzer SPz BMP 1 A1 Ost mit Fahrschulkabine 500 U. Einzelstück, da aus strukturellen Gründen keine weiteren Fahrzeuge beschafft wurden. (41)**

**Fahrschulpanzer SPz BMP 1 A1 Ost mit Fahrschulkabine 500 U. An der hinteren linken Kettenabdeckung gut sichtbar, die Aufstiegshilfe mit den Handgriffen. (41)**

# 2. Kampfpanzer

## 2.1 Leichter Kampfpanzer M 41 (Walker Bulldog)

Entwickelt auf Grundlage einer neuen gepanzerten Fahrzeugfamilie für die US-Streitkräfte, wurde 1956 der **leichte Kampfpanzer (LeKPz) M 41** auch bei der Bundeswehr eingeführt. Sein modifiziertes Fahrgestell und einige Baugruppen bildeten die Grundlage für weitere Konstruktionen wie die Panzerflak M 42, die leichte Panzerhaubitze M 52 und die mittlere Panzerhaubitze M 44.
Gebaut im Zeitraum 1950–1958 vom Cleveland Tank Arsenal bzw. von der Cadillac Motor Car Division, wurde der LeKPz M 41 wegen seiner sehr genau schießenden 76,2-mm-Bordkanone L/60 als Kanonenjagdpanzer bei den Panzerjägerzügen (PzJgZg) der Panzergrenadierbataillone (PzGrenBtl) und in den schweren Kompanien der Panzeraufklärungsbataillone eingesetzt. Ein Fliegerabwehr-MG M 2 cal. .50 (12,7 mm x 99) und ein Bordmaschinengewehr cal. .30 (7,62 mm x 63) dienten als Sekundärbewaffnung.
Bei einem Gefechtsgewicht von nur 25,4 t erreichte er leicht die angegebene Höchstgeschwindigkeit von 65 km/h. 1966 wurden die letzten LeKPz M 41, die bei der Truppe sehr beliebt waren, durch den Kanonenjagdpanzer 4-5 abgelöst.

**Leichter Kampfpanzer M 41 mit 76,2-mm-Bordkanone. (06)**

Leichter Kampfpanzer M 41. Bordkanone in Sieben-Uhr-Stellung gezurrt. Als Sekundärbewaffnung ein Fla-MG cal. .50 (12,7 mm x 51) auf dem Turmdach. (18)

## Leichter KPz M 41

| **Bezeichnung** | **Leichter Kampfpanzer M 41** |
|---|---|
| Hersteller | **Cadillac Motor Car Division Cleveland Tank Arsenal** |
| | 1956–1960 |
| **Motor** | |
| | Continental Motor Corp. Vergasermotor AOS 895-3 |
| Leistung kW(PS)/$min^{-1}$ | 316(430)/2800 |
| Hubraum ($cm^3$) | 14.681 |
| **Getriebe** | |
| | Allison CD 500-3 Planeten-Schalt- und Lenkgetriebe 2 Vorwärts-, 1 Rückwärtsgang |

| **Allgemeine Daten** | |
|---|---|
| Gesamtmaße (L x B x H) (mm) | 5600 x 3260 x 2850 (Länge mit Rohr 8080 mm, Höhe mit Fla-MG 3080 mm) |
| Auflagelänge der Kette (mm) | 3230 |
| Spurweite (mm) | 2220 |
| Kettenbreite (mm) | 530 |
| Bodenfreiheit (mm) | 450 |
| Wattiefe (mm) | 1200 |
| Leergewicht (mm) | |
| Gefechtsgewicht (kg) | 23.495 |
| Höchstgeschwindigkeit (Straße) (km/h) | 65 |
| Bewaffnung | 1 Kanone 76,2 mm L/57 1 Fla-MG cal. .50 (12,7 mm x 99) 1 MG cal. .30 (7,62 mm x 33) |
| Besatzung | 4 |

## 2.2 Mittlerer Kampfpanzer M 47 (General Patton)

Der erste Kampfpanzer der Bundeswehr war der **mittlere Kampfpanzer (mKPz) M 47**. Bereits im Januar 1956 erfolgte die Übergabe der ersten 14 Fahrzeuge in Andernach.
Bis Produktionsende im November 1953 fertigten die US-Firmen Detroit Arsenal und American Locomotive Company insgesamt 8576 mittlere KPz M 47.
Den Antrieb übernahm ein 12-Zylinder-Vergasermotor, Typ AV-1790-5B, 29.363 $cm^3$, 604 kW (821 PS).
Ein besonderes Merkmal des M 47 war neben der aus einem Stück aus Panzerstahl gegossenen Wanne der schmale Turm mit Heckauslage und die Panzerkanone 90 mm L/48 mit dem erstmals eingesetzten optischen Entfernungsmesser. Als Relikte des 2. Weltkrieges galten hingegen die fünfköpfige Besatzung und das Bug-MG in der Wanne.
1956 wurden von der Bundeswehr 1120 mKPz M 47 beschafft. Die Ablösung erfolgte ab 1965 durch den mKPz Leopard 1.

**Mittlerer Kampfpanzer M 47 mit 90-mm-Bordkanone und Fla-MG cal. .50 (12,7 mm x 51). (18)**

Mittlerer Kampfpanzer M 47, Heckansicht. (18)

Mittlerer Kampfpanzer M 47 mit hydraulischem Räumschild M 6, eingesetzt als Pionierpanzer bei den PzBtl und PzPiKp. (18)

## Mittlerer Kampfpanzer M 47 und M 48 A1

| **Bezeichnung** | **Mittlerer Kampfpanzer M 47** | **Mittlerer Kampfpanzer M 48 A1** |
|---|---|---|
| Hersteller | **Detroit Arsenal**<br>**American Locomotive Comp.** | **General Motor Corp.** |
| | 1956–1967 | 1957–1960 |
| **Motor** | | |
| | Continental Motor Corp.<br>12-Zyl. V-90°<br>Vergasermotor<br>AV-1790-5 B | Continental Motor Corp.<br>12-Zyl. V-90°<br>Vergasermotor<br>AV-1790-7 C |
| Leistung kW(PS)/min$^{-1}$ | 604(821)/2800 | 604(821)/2800 |
| Hubraum (cm$^3$) | 29.365 | 29.365 |
| **Getriebe** | | |
| | Allison Division GMC<br>CD-850-5<br>Überlagerungs-, Schalt- und Lenkgetriebe<br>2 Vorwärts-, 1 Rückwärtsgang | Allison Division GMC<br>CD-850-5<br>Überlagerungs-, Schalt- und Lenkgetriebe<br>2 Vorwärts-, 1 Rückwärtsgang |
| **Allgemeine Daten** | | |
| Gesamtmaße (L x B x H) 1) (mm) | 8510 x 3510 x 2950 2) | 8811 x 3630 x 3090 3) |
| Auflagelänge der Kette (mm) | 4100 | 3980 |
| Spurweite (mm) | 2800 | 2920 |
| Kettenbreite (mm) | 580 | 711 |
| Bodenfreiheit (mm) | 470 | 420 |
| Wattiefe (mm) | 1220 | 1220 |
| Leergewicht (mm) | 42.140 | 44.000 |
| Gefechtsgewicht (kg) | 46.100 | 47.000 |
| Höchstgeschwindigkeit (Straße) (km/h) | 48 | 45 |
| Bewaffnung | 1 Kanone 90-mm-L/48<br>1 Fla-MG cal. .50 (12,7 mm x 99)<br>2 MG cal. .30 (7,62 mm x 33) | 1 Kanone 90-mm-L/48<br>1 MG cal. .50 (12,7 mm x 99)<br>1 MG cal. .30 (7,62 mm x 33) |
| Besatzung | 5 | 4 |

1) Länge über alles mit Kanone 2) Höhe über Turm 3) Höhe Oberkante Kommandantenkuppel

## 2.3 Mittlerer Kampfpanzer M 48 (General Patton II) und Familienfahrzeuge

Ab 1957 beschaffte die Bundeswehr 200 **mittlere Kampfpanzer M 48 A1** für ihre neu aufgestellte 5. Panzerdivision. Die Bewaffnung bestand aus einer 90-mm-Bordkanone, einem MG cal. .50 (12,7 mm x 99) in der Kdt-Kuppel und einem koaxial zur Bordkanone gelagerten MG cal. .30 (7,62 mm x 63). Gegenüber dem KPz M 47 wies der KPz M 48 folgende Verbesserungen auf:

- Besserer ballistischer Schutz durch günstigere Formgebung.
- Reduzierung der Besatzung auf vier Mann.
- Reduzierung des spezifischen Bodendruckes durch Einsatz breiterer Gleisketten.
- Größeres Raumangebot für die Turmbesatzung.
- Einsatz eines leistungsfähigeren optischen Entfernungsmessers.
- Schnellerer Rohrwechsel durch geänderte Bajonettverbindung der Bordkanone zum Bodenstück.

Gefertigt von der General Motor Corp., erhielt der KPz M 48 A1 den Motor des KPz M 47. Das Laufwerk bestand auf jeder Seite des Kampfpanzers aus sechs Laufrollenpaaren, fünf Stützrollen, dem Leit- und Triebrad sowie einem Kettenspannrad.

Die aus einem Stück aus Panzerstahl gegossene Wanne unterteilte eine Trennwand in Kampfraum und Triebwerksraum. Sie bot Schutz gegen Beschuss von leichten Infanteriewaffen, Panzerminenwirkung und Splittern von Artilleriegeschossen mittleren Kalibers.

Für Planiermaßnahmen oder Erdbewegungsarbeiten ließ

sich eine Räumschaufel anbauen. Gab es am KPz M 48 A1 noch technische Probleme, so wurden diese 1959 mit Einführung des **mittleren Kampfpanzers M 48 A2** weitgehend abgestellt. Insgesamt beschaffte die Bundeswehr 1492 Kampfpanzer dieser Ausführung mit dem stärkeren Continental-Motor, der bei 29.363 $cm^3$ 615 kW (837 PS) leistete.
Äußeres Unterscheidungsmerkmal zum KPz M 48 A1 sind die rechteckigen Fenderenden und die erhöhte Motorabdeckung mit Luftgitter an der Rückfront. Sie sorgten für eine verbesserte Kühlung des Einspritzmotors. Das Laufwerk hatte jetzt nur noch drei Stützrollen.
Beim **Kampfpanzer M 48 A2 C** entfiel das Kettenspannrad und für den Nachtkampf kamen ein IR/Weißlicht-Zielscheinwerfer sowie ein IR-Fahr- und Zielgerät dazu.
Die mit einem Raumbildentfernungsmesser ausgerüsteten Kampfpanzer erhielten die Bezeichnung **Kampfpanzer M 48 A2 C G**. Mit dem neuen Raumbildentfernungsmesser konnte die Trefferquote bei einer Kampfentfernung von 1500 m wesentlich verbessert werden. Zum Eigenschutz wurden die Fahrzeuge mit einer Nebelmittelwurfanlage nachgerüstet.
Zwischen 1978 und 1980 wurden insgesamt 650 KPz M 48 A2 C einer Kampfwertsteigerung unterzogen. Die im Kampfwert zu steigernden Fahrzeuge erhielten die 105-mm-Kanone L7A3 des Kampfpanzers Leopard 1, ebenso dessen Kommandantenluke mit Fla-MG 3 und das Bildverstärker-Fahrgerät. Durch Einbeziehung weiterer Leopard-Baugruppen wurde logistisch ein wichtiger Standardisierungseffekt erreicht.
Bis zum Beginn der Auslieferung des KPz Leopard 2 im Jahre 1979 an das Feldheer war der kampfwertgesteigerte **Kampfpanzer M 48 A2 G A2** eine brauchbare Zwischenlösung für die Truppe. Eingesetzt wurden die KPz M 48 A2 G A2 nach Zulauf des KPz Leopard 2 nur noch in den PzBtl der Heimatschutzkommandos.

**Mittlerer Kampfpanzer M 48 A1 mit 90-mm-Bordkanone und Fla-MG cal. .50 (12,7 mm x 51). (18)**

Mittlerer Kampfpanzer M 48 A1. (18)

Mittlerer Kampfpanzer M 48 A1 mit hydraulischem Räumschild M 8A1. (18)

Mittlerer Kampfpanzer M 48 A2 mit 90-mm-Bordkanone und Fla-MG cal. .50 (12,7 mm x 51), erhöhter Motorabdeckung und Kettenspannrad. (18)

Mittlerer Kampfpanzer M 48 A2 C mit IR/Weißlicht-Zielscheinwerfer, Nebelmittelwurfanlage, drei Stützrollen und weggefallendem Kettenspannrad. (15)

Mittlerer Kampfpanzer M 48 A2 G A2 mit 105-mm-Bordkanone und Fla-MG 7,62 mm x 51. (15)

Mittlerer Kampfpanzer M 48 A2 G A2. (15)

## Mittlerer Kampfpanzer M 48 A2 und M 48 A2 G A2

| **Bezeichnung** | **Mittlerer Kampfpanzer M 48 A2** | **Mittlerer Kampfpanzer M 48 A2 G A2** |
|---|---|---|
| Hersteller | **General Motor Corp.** | **General Motor Corp. (Wegmann & Co., Kassel)** |
| | 1959–1982 | 1978–1993 |
| **Motor** | | |
| | Continental Motor Corp.<br>AVI-1790-8<br>12-Zyl.-V-90°<br>Vergasermotor mit Einspritzung | Continental Motor Corp.<br>AVI-1790-8<br>12-Zyl.-V-90°<br>Vergasermotor mit Einspritzung |
| Leistung kW(PS)/min$^{-1}$ | 615(837)/2800 | 615(837)/2800 |
| Hubraum (cm$^3$) | 29.365 | 29.365 |
| **Getriebe** | | |
| | Allison Division GMC<br>CD-850-5<br>Überlagerungs-, Schalt- und Lenkgetriebe<br>2 Vorwärts-, 1 Rückwärtsgang | Allison Division GMC<br>CD-850-5<br>Überlagerungs-, Schalt- und Lenkgetriebe<br>2 Vorwärts-, 1 Rückwärtsgang |
| **Allgemeine Daten** | | |
| Gesamtmaße (L x B x H) 1) (mm) | 8680 x 3630 x 3090 2) | 9300 x 3630 x 2900 3) |
| Auflagelänge der Kette (mm) | 3980 | 3980 |
| Spurweite (mm) | 2920 | 2920 |
| Kettenbreite (mm) | 711 | 711 |
| Bodenfreiheit (mm) | 390 | 390 |
| Wattiefe (mm) | 1220 | 1220 |
| Leergewicht (mm) | 44.996 | 45.600 |
| Gefechtsgewicht (kg) | 47.627 | 48.000 |
| Höchstgeschwindigkeit (Straße) (km/h) | 51,5 | 51,5 4) |
| Bewaffnung | 1 Kanone 90-mm-L/48<br>1 MG cal. .50 (12,7 mm x 99)<br>1 MG cal. .30 (7,62 mm x 63) | 1 Kanone 105-mm-L/51<br>1 Fla-MG (7,62 mm x 51)<br>1 MG (7,62 mm x 51) |
| Besatzung | 4 | 4 |

1) Länge über alles mit Kanone 2) Höhe Oberkante Kommandantenkuppel 3) Höhe Fla-MG-Lafette 3160 mm 4) zulässige Höchstgeschwindigkeit 32 km/h

Die verbliebenen 635 nicht umgerüsteten KPz M 48 A2 standen danach zur Disposition. 52 KPz wurden mit einem Räumschild versehen und zum **Pionierpanzer US** umgerüstet. Die Bordkanone wurde ausgebaut und das verbliebene Kdt-MG entfiel ebenfalls zum Ende der Nutzungsdauer.
Von 1986–1989 baute Jung, Jungenthal GmbH sechs KPz M 48 zu **Bergeschlepper M 48** um. Bei der Bergeeinrichtung verwandte man weitgehend Komponenten des eingeführten Bergepanzers 2, 3. Los (BPz 2 A2). Obwohl eine Einführungsgenehmigung erteilt wurde, wurden die Bergeschlepper letztlich nicht beschafft, da mittlerweile kein Bedarf mehr bestand. Vier Bergeschlepper wurden verschrottet, ein Bergeschlepper an die Türkei verkauft und ein Bergeschlepper über die WTD 41 in Trier an das Panzermuseum Munster abgegeben.
Zu den weiteren Fahrzeugvarianten des KPz M 48 in der Bundeswehr zählt der 58,3 t schwere **Brückenlegepanzer M 48 A2** mit seiner 19,2 m langen Faltbrücke. 1960 in einer Stückzahl von 102 Fahrzeugen eingeführt, setzten die BriPz-PiKp das Fahrzeug noch bis ca. 1990 ein.

**Pionierpanzer M 48 A2 C. (71)**

Bergeschlepper M 48. (71A)

Brückenlegepanzer M 48 A2 in der Transportlage. (18)

**Die Abbildung zeigt deutlich die nachteilige Verlegeart der aufgerichteten Faltbrücke des M 48 A2 BrPz. (06)**

## Brückenlegepanzer M 48 A2 C

| Bezeichnung | Brückenlegepanzer M 48 A2 C |
|---|---|
| Hersteller | American Locom. und Chrysler |
| | 1960–1990 |
| **Motor** | |
| | Continental Motor Corp. AVI-1790-8 12-Zyl. V-90° Vergasermotor mit Einspritzung |
| Leistung kW(PS)/min$^{-1}$ | 615(837)/2800 |
| Hubraum (cm$^3$) | 29.365 |
| **Getriebe** | |
| | Allison Division GMC CD-850-5 Überlagerungs-, Schalt- und Lenkgetriebe 2 Vorwärts-, 1 Rückwärtsgang |
| **Allgemeine Daten** | |
| Gesamtmaße (L x B x H) (mm) | 11.090 x 4010 x 4040 (mit Brücke) 8190 x 3660 x 3050 (ohne Brücke) |
| Auflagelänge der Kette (mm) | 3960 |
| Spurweite (mm) | 2929 |
| Kettenbreite (mm) | 710 |
| Bodenfreiheit (mm) | 390 |
| Wattiefe (mm) | 1220 |
| Leergewicht (mm) | |
| Gefechtsgewicht (kg) | 58.000 (mit Brücke) |
| Höchstgeschwindigkeit (Straße) (km/h) | 51,5 [1)] |
| Bewaffnung | 1 Fla-MG 1 oder 3 (7,62 mm x 51) |
| Brücken- und Räumgerät | Zweiteilige Scherenbrücke, 19.200 mm Länge über alles, 18.300 mm Stützweite, 4010 mm Gesamtbreite, Stützschild vorn |
| Besatzung | 2 |

1961–1964 ließen die US-Streitkräfte den **Bergepanzer M 88** auf Basis des KPz M 48 bei der Bowen McLauglin York Inc. fertigen. Die Wanne des KPz M 48 wurde um 120 mm verlängert und mit einem Kasemattenaufbau aus Guss-Stahl versehen. Das Fahrzeug erhielt einen hydraulisch aufrichtbaren A-Baum, der Lasten bis 25 t hob. Die Bergewinde im Bug zog bis zu 45 t. Als Bewaffnung diente ein MG. Der BPz M 88 brachte ein Gesamtgewicht von 50,8 t auf die Waage, die Besatzung bestand aus vier Mann. Die Bundeswehr beschaffte 125 Bergepanzer. Ab 1985 wurde ein Teil der Bergepanzer M 88 vom 12-Zylinder-Benzin-Einspritzmotor auf Dieselantrieb umgerüstet. Die Fahrzeuge erhielten eine stärkere Bergewinde. Für die Unterbringung der Seilführung an dem A-Baum wurde ein Schutzkasten vorgesehen. Sie wurden als **Bergepanzer M 88 A1 GE** bzw. **M 88 A1 GE A1** bezeichnet und Mitte der 90er-Jahre an NATO-Partner abgegeben.

Als letzter Vertreter der M 48-Familie verblieb der **Minenräumpanzer (MiRPz) Keiler** in der Bundeswehr. Aus dem deutsch/französisch/italienischen Vorhaben »Landminenschnellräummittel« (LSM) von 1971 hervorgegangen, wurde 1980 das erste Firmenversuchsmuster auf einem Fahrgestell des Kampfpanzers M 48 erstellt. Nachdem die Partner Italien (1974) und Frankreich (1978) aus dem Vorhaben ausgestiegen waren, wurde es national weitergeführt. 1982 bekam Krupp MaK als ausgewählter Hauptauftragnehmer den Auftrag, zwei Erprobungsmuster zu bauen, die 1985 zur Verfügung standen. Nach umfangreichen technischen- und Truppenerprobungen wurde am 1. Oktober 1991 die Einführungsgenehmigung (EFG) für den Minenräumpanzer (MiRPz) Keiler erteilt. Die ursprüngliche militär-technische Zielsetzung von 1975 mit 245 LSM wurde 1982 auf 157 LSM und 1987 auf nunmehr 50 LSM reduziert. Mit der EFG von 1991 wurde der Stückzahlbedarf auf 72 MiRPz (LSM) angehoben. In einem ersten Los wurden ab 1996 jedoch erst 24 Minenräumpanzer beschafft.

Die Aufgabe des MiRPz Keiler ist es, durch Fräsen des Bodens mit den rotierenden Räumwerkzeugen eine minenfreie Gasse zu schaffen. Dabei werden die Minen zerstört, detonieren oder werden schräg nach vorne aus der Bahn des Fahrzeuges weggeschleudert. Die geräumte Spur ist 4,70 m breit und maximal 25 cm tief, die Räumgeschwindigkeit beträgt 0,2 bis 4 km/h. Der Aufbau des Fahrzeuges besteht aus:

- Trägerfahrzeug.
- Räumeinrichtung.

Das Trägerfahrzeug hat eine geänderte Guss-Stahlwanne des KPz M 48 A2 G mit modifiziertem Laufwerk. Die Guss-Stahlwanne des KPz M 48 bietet besten Schutz für die Fahrzeugbesatzung und besitzt ausreichende Steifigkeit und Stabilität für den Räumbetrieb. Die wesentlichen Baugruppen der Räumeinrichtung sind:

- Antriebsaggregat für Leistungs- und Stellhydraulik.
- Schwenkarm.
- Tragarm und Räumwellenrahmen.
- Zweigeteilte Räumwelle mit an Ketten befestigten 24 rotierenden Räumelementen (so genannte Elefantenfüße).
- Tilt- und Elevationseinrichtungen für die Geländeanpassung im Räumbetrieb.
- Höhenmesseinrichtung (mit der Höhenmesseinrichtung wird der hydraulische Tilt- und Elevationsantrieb für die Geländeanpassung im Räumbetrieb gesteuert).
- Bugabstützung zur Entlastung und Stabilität im Räumbetrieb.
- Am Heck adaptiertes Räumspurmarkierungsgerät (CLAMS).

Zu Zeiten des »Kalten Krieges« für die Bündnis- und Landesverteidigung konzipiert, sollte der MiRPz Keiler unter Schutz gewaltsam Minensperren öffnen und minenfreie Gassen schaffen. Die ersten »scharfen« Einsätze erfolgten im März 1997 im Rahmen der humanitären Hilfe in Ex-Jugoslawien.

**Bergepanzer M 88. (64)**

**Bergepanzer M 88. (15)**

**Bergepanzer M 88 A1 GE. (61)**

**Bergepanzer M 88 A1 GE. (70)**

**Minenräumpanzer Keiler in Fahrstellung. (71)**

Minenräumpanzer Keiler in vorbereitender Räumstellung. (71)

Minenräumpanzer Keiler mit Leopard 2-Kette. Seit 2014 werden alle Minenräumpanzer mit der neuen Kette ausgerüstet (97)

## Bergepanzer M 88 und M 88 A1, Minenräumpanzer Keiler

| Bezeichnung | Bergepanzer M 88 | Bergepanzer M 88 A1 | Minenräumpanzer Keiler |
|---|---|---|---|
| Hersteller | **Bowen-Mc Laughlin York Company, USA** | **Bowen-Mc Laughlin York Company, USA** | **verschiedene USA, MaK Systemgesellschaft** |
| | 1962–1990 | 1985–1995 | 1996–1999 |
| **Motor** | | | |
| | Continental Motor Corp. aufgeladener 12-Zyl.-V-90° Vergasermotor mit Einspritzung AVSI-1790-6A | Continental Motor Corp. 12-Zyl.-V-90° 4-Takt-Dieselmotor mit Direkteinspritzung und Abgasturbolader AVDS-1790-2D | MTU GmbH, Friedrichshafen MB 871 Ka-501 Leistungsgesteigerter 8-Zyl.-V-90° 4-Takt-Dieselmotor mit 2 Abgasturboladern und Ladeluftkühlung |
| Leistung kW(PS)/$min^{-1}$ | 745(1014)/2800 | 485(660)/2400 | 818(1112)/2200 (bei Räumbetrieb) |
| Hubraum ($cm^3$) | 29.365 | 29.356 | 25.280 |
| **Getriebe** | | | |
| | Allison Division GMC XT 1410-2 Mechanisch/hydraulisches Überlagerungsschalt- und Lenkgetriebe 3 Vor-, 1 Rückwärtsgang | Allison Division GMC XT 1410-4 Mechanisch/hydraulisches Überlagerungsschalt- und -lenkgetriebe mit hydraulischem Drehmomentwandler 3 Vor-, 1 Rückwärtsgang | Renk-Getriebe HSWL 284 M hydromechanisches Schalt-, Wende- und Lenkgetriebe (vollautomatisch schaltbar) mit hydrostatischem Kriechgang für den Räumbetrieb |
| **Allgemeine Daten** | | | |
| Gesamtmaße (L x B x H) 1) (mm) | 8268 x 3429 x 3420 | 8270 x 3430 x 2950 2) | 8670 x 3799 x 3840 (in Marschfahrt) 10.700 x 6350 x 2980 (in Räumbereitschaft) |
| Auflagelänge der Kette (mm) | 4610 | 4610 | 3960 |
| Spurweite (mm) | 2719 | 2719 | 2929 |
| Kettenbreite (mm) | 711 | 711 | 710 |
| Bodenfreiheit (mm) | 432 | 430 | 245 (in Räumlage) |
| Wattiefe (mm) | 1600 | 1422 | 1220 2) |
| Leergewicht (mm) | 48.100 | 50.500 | |
| Gefechtsgewicht (kg) | 49.900 | 50.900 | 53.000 |
| Höchstgeschwindigkeit (Straße) (km/h) | 50 | 42 | 48 (ca. 0,4 bis 0,7 Räumgeschwindigkeit) |
| Bewaffnung | 1 Fla-MG (7,62 mm x 51) | 1 Fla-MG 3 (7,62 mm x 51) | - ohne - |
| Bergegerät / Räumgerät | Tragfähigkeit Ausleger, max. mit viersträngigem Seil, abgestützt 22.700 kg. Hubhöhe max. bei 1,22 m Ausladung, 7620 mm. Zugkraft der Zugwinde 37.000 kg | Tragfähigkeit Ausleger, max. mit viersträngigem Seil, abgestützt 22.500 kg Hubhöhe max. bei 1,22 m Ausladung, 7620 mm. Zugkraft der Zugwinde 35.000 kg | Räumtiefe 250 mm Räumspurbreite 4700 mm Räumwellenantrieb durch zwei Axialkolbenmotoren in Schrägachsenbauweise im geschlossenen Kreislauf mit über je eine Gelenkwelle angetriebenen Winkelgetriebe |
| Besatzung | 4 | 4 | 2 |

1) Stützschild angehoben, Ausleger in Marschstellung 2) Stützschild angehoben, Ausleger in Marschstellung, Höhe: OK MG-Lafette

## 2.4 Mittlerer Kampfpanzer Leopard 1 und Familienfahrzeuge

Den Startschuss für die Entwicklung eines mittleren Kampfpanzers gab im Juni 1957 das deutsch-französische Militärabkommen über eine gemeinsame Panzerentwicklung. Im September 1958 trat Italien bei. Frankreich schied aufgrund seiner Änderung in der Verteidigungspolitik 1963 wieder aus. Der Entwicklungsauftrag erging an drei Firmengruppen: Die Arbeitsgruppe 1 mit Dr. Ing. F. Porsche KG, Atlas-MaK, Luther-Werke und Jung-Jungenthal gewann die Ausschreibung. Gefordert war ein mittlerer Kampfpanzer mit einem Gesamtgewicht von 30 t, einem Leistungsgewicht von 30 PS/t, 105-mm-Bordkanone, Vielstoffmotor mit Luftkühlung, Fahrbereich 350 km, Drehstab- oder hydraulische Federung, Höchstbreite 3150 mm und einem Bodendruck von 0,8 kp/cm$^2$.

Ab 1960 wurden die ersten Prototypen getestet und eine Vorserie von 50 Fahrzeugen, die so genannte **0-Serie Kampfpanzer Leopard**, gebaut. Am 9. September 1965 rollte das erste Serienfahrzeug vom Montageband des Generalunternehmers Krauss-Maffei AG.

Der Kampfpanzer besitzt eine geschweißte Wanne und ist durch eine Trennwand gas- und wasserdicht in Trieb- und Kampfraum unterteilt. Für den Antrieb sorgt ein Vielstoffmotor, der seine Leistung auf das Schalt- und Lenkgetriebe und von dort über die Endantriebe auf das Laufwerk überträgt. Motor, Getriebe und Kühlanlage sind zu einem schnell austauschbaren Triebwerkblock zusammengefasst. Die Bewaffnung besteht aus einer 105-mm-Kanone, zwei MG 3 (7,62 mm x 51) und einer Nebelmittelwurfanlage.

Bis Februar 1970 wurden insgesamt 1845 **KPz Leopard i**n vier Baulosen ausgeliefert. Ab 1972 ließ die Bundeswehr für das 4. Baulos die ersten größeren Nachrüstungen durchfüh-

**Kampfpanzer »STANDARD«. 50 KPz wurden von der 0-Serie gefertigt und ab 1963 im Großversuch erprobt. Besondere Merkmale sind die Kdt-Luke mit Winkelspiegelkranz und Drehringlafette, das Motordeck, die ovale Außenbordsprechstelle und der große Werkzeugkasten am Heck. (15)**

ren. Dazu gehörten u. a. der Einbau einer Waffenstabilisierungsanlage, eine Rohrschutzhülle, klappbare Panzerschürzen und die neue Verbindergleiskette D 640 A. Die Nachrüstungen ließen sich ohne großen Aufwand auch bei den früheren Fertigungslosen durchführen. Sie wurden nach erfolgter Umrüstung als **KPz Leopard A1** bezeichnet.
Ab dem 5. Baulos erfolgte eine Änderung in der Bezeichnung, da die Planung für den KPz Leopard 2 in der Zwischenzeit so weit fortgeschritten war, dass man aus logistischen Gründen eine Trennung vornehmen musste. Alle Kampfpanzer des Typs Leopard erhielten die Bezeichnung **KPz Leopard 1**. 232 Fahrzeuge des 5. Bauloses versah Krauss-Maffei mit einem verstärkten Gussturm. Sie wurden als **KPz Leopard 1 A2** bezeichnet. Weitere 110 Fahrzeuge des gleichen Bauloses erhielten geschweißte Türme in Schottbauweise. Ihre Bezeichnung ist **KPz Leopard 1 A3**. Als **KPz Leopard 1 A4** wurden 250 von August 1974 bis März 1976 als 6. Los gefertigte Fahrzeuge mit geschweißtem Turm in Schottbauweise bezeichnet.
Von 1975–1977 wurden die Kampfpanzer der ersten vier Baulose mit einer Turmzusatzpanzerung nachgerüstet und damit dem ballistischen Schutz des KPz Leopard 1 A2 angeglichen. Die so umgerüsteten Kampfpanzer wurden, je nach Unterscheidungsmerkmal, als **KPz Leopard 1 A1A1 / KPz Leopard 1 A1A4** bezeichnet.
Im Zeitraum von 1986–1992 lief das letzte Kampfwertsteigerungs-Programm (KWS) für den mittleren KPz Leopard 1 A1A1 – A1A4 (1. bis 4. Baulos). Es wurden 1224 Fahrzeuge

**Kampfpanzer Leopard 1, 1. Baulos. (15)**

umgerüstet. Sie erhielten eine rechnergestützte Feuerleitanlage mit eigenstabilisiertem Ziel- und Beobachtungsgerät EMES 18, bestehend aus WBG und Laser-Entfernungsmesser. Erkennen ließen sich die so umgerüsteten **KPz Leopard 1 A5** an dem fehlenden Raumbildmesser, dem gut sichtbaren Ausblickkopf des Entfernungsmessers, dem höhergesetzten Turm-Rundblick-Pankrat (TRP) und an der Winkelspiegel-Waschanlage für den Kraftfahrer.

Durch Auftrag des BWB aus dem Jahre 1986, den KPz Leopard 1 zu einem Panzerabwehr-Kampfwagen mit Zusatzpanzerung für Turm und Fahrgestell und mit einer 120-mm-Waffenanlage auszustatten **(KPz Leopard 1 A6)**, wurden sämtliche KPz Leopard 1 A5 für die Aufnahme der 120-mm-Glattrohrkanone vorbereitet. Nach Abschluss der Konzeptphase wurde das Projekt eingestellt.

Seit Mitte des Jahres 2003 wurde der KPz Leopard 1 aus der Nutzung genommen. Die Bataillone wurden aufgelöst oder bei Umgliederung mit KPz Leopard 2 ausgerüstet.

**Kampfpanzer Leopard 1, 1. Baulos, mit dem typischen Unterscheidungsmerkmal, der rechteckigen Außenbordsprechstelle. (15)**

Kampfpanzer Leopard 1 A1A1 mit Zusatzpanzerung, Wärmeschutzhülle für Kanone, Kettenschürzen, BiV-Nachtsichtgerät für Kraftfahrer und Kommandant. (15)

Kampfpanzer Leopard 1 A2 (5. Baulos) mit verstärktem Gussturm und geänderten Auslassgrätings. (15)

Kampfpanzer Leopard 1 A2 mit Schutzkorb für das PZB 200 und Infrarot- / Weißlichtzielscheinwerfer. (71)

Kampfpanzer Leopard 1 A2A1 (5. Baulos) mit einem dreiteiligen Unterwasserfahrschacht und Schutzkorb für PZB 200. (61)

## Kampfpanzer Leopard 1, 1 A1, 1 A2

| **Bezeichnung** | **Kampfpanzer Leopard** | **Kampfpanzer Leopard 1 A1** | **Kampfpanzer Leopard 1 A2** |
|---|---|---|---|
| Hersteller | **Krauss-Maffei Krupp MaK** | **Krauss-Maffei** | **Krauss-Maffei** |
| | 1965–1970 | Umrüstung 1972–1974 | 1972–1973 |
| **Motor** | | | |
| | MTU Mehrstoff-Dieselmotor<br>MB 838 CaM-500<br>10-Zyl.-V-90°-Viertakt-Vorkammer-Mehrstoff-Motor<br>mit mechanischem Ladegebläse | | |
| Leistung kW(PS)/min$^{-1}$ | 610(830)/2200 | | |
| Hubraum (cm$^3$) | 37.400 | | |
| **Getriebe** | | | |
| | Zahnradfabrik Friedrichshafen<br>4 HP 250<br>4-Gang-Planeten-Schalt- und Lenkgetriebe<br>mit hydraulischen Drehmomentenwandler<br>4 Vorwärts-, 2 Rückwärtsgänge | | |
| **Allgemeine Daten** | | | |
| Gesamtmaße (L x B x H) [1) ] (mm) | 9543 x 3250 x 2613<br>(Höhe OK TRP 2A) | 9543 x 3370 x 2613<br>(Breite mit Kettenblenden)<br>(Höhe OK TRP 2A) | 9540 x 3370 x 2620<br>(Breite mit Kettenblenden)<br>(Höhe OK TRP 2A) |
| Spurweite (mm) | 2700 | 2700 | 2700 |
| Auflagelänge der Kette (mm) | 4236 | 4236 | 4236 |
| Kettenbreite (mm) | 550<br>(Verbindergleiskette D 139 E 2) | 550<br>(Verbindergleiskette D 640 A) | 550<br>(Verbindergleiskette D 640 A) |
| Bodenfreiheit (mm) | 440 | 440 | 440 |
| Wattiefe (mm) | 1200 | 1200 | 1200 |
| Tiefwatfähig (mit Tiefwatschacht) (mm) | --- | 2200 | 2200 |
| UF-Fähigkeit (mm) | 3000 | 4000 | 4000 |
| Gefechtsgewicht (kg) | 39.800 | 40.000 | 42.400 |
| Höchstgeschwindigkeit (Str./Gel.) (km/h) | 64 (BW 50)/ | 64 (BW 50)/ | 64 (BW 50)/ |
| Bewaffnung | 1 Kanone 105-mm-L/51<br>1 Blenden-MG (7,62 mm x 51)<br>1 Fla-MG (7,62 mm x 51)<br>Nebelmittelwurfanlage | 1 Kanone 105-mm-L/51<br>1 Blenden-MG<br>(7,62 mm x 51)<br>1 Fla-MG (7,62 mm x 51)<br>Nebelmittelwurfanlage | 1 Kanone 105-mm-L/51<br>1 Blenden-MG (7,62 mm x 51)<br>1 Fla-MG (7,62 mm x 51)<br>Nebelmittelwurfanlage |
| Besatzung | 4 | 4 | 4 |

1) Länge mit Kanone in Stellung 12 Uhr

**Kampfpanzer Leopard 1 A3 (5. Baulos) mit geschweißtem Turm. (15)**

**Kampfpanzer Leopard 1 A3 (5. Baulos) mit Turmrundblickperiskop TRP 2A. (15)**

Kampfpanzer Leopard 1 A3 (5. Baulos) in Gelb-Oliv-Tarnung. Die Tarnung wird durch Schlamm und Schlämmkreide aufgelockert. (40)

Kampfpanzer Leopard 1 A4 (6. Baulos) mit Rundblickperiskop PERI R 12 und vorbereitet zum Unterwasserfahren. (15)

Kampfpanzer Leopard 1 A4 (6. Baulos) mit Rundblickperiskop PERI R 12 und Infrarot- / Weißlichtzielscheinwerfer. (37)

Kampfpanzer Leopard 1 A4 (6. Baulos) beim »Klettern«. Auf dem Bild gut erkennbar, der geschlossene Staukorb am Turm, den auch der Leopard 1 A3 hat. (40)

Kampfpanzer Leopard 1 A5 mit Turmzusatzpanzerung, Feuerleitanlage EMES 18, ausgebautem Raumbild-Entfernungsmesser, hochgesetztem TRP und Winkelspiegel-Waschanlage. (61)

Kampfpanzer Leopard 1 A5. Beachte das kurze Abschleppseil. (71)

Kampfpanzer Leopard 1 A6 (Panzerabwehr-Kampfwagen 90). Seit 1986 verfolgtes Projekt mit einer Kampfwertsteigerung von erheblichem Umfang. Vorgesehen waren u. a. eine Zusatzpanzerung für Turm und Fahrgestell, 120-mm-Waffenanlage, Kdt.-Periskop und Unterdrückung der IR-Signatur. Während das abgebildete Fahrzeug (VT 5) ohne Dach- und Bugschutz kam, wurde der VT 2 mit diesem Schutz erprobt. Vom Konzept her vergleichbar mit dem mittleren Kampfpanzer T 55 AM2 und T 55 AM2P der NVA. (40)

Kampfpanzer Leopard 1 A6. (40)

## Kampfpanzer Leopard 1 A3, 1 A4, 1 A5

| **Bezeichnung** | **Kampfpanzer Leopard 1 A3** | **Kampfpanzer Leopard 1 A4** | **Kampfpanzer Leopard 1 A5** |
|---|---|---|---|
| Hersteller | **Krauss-Maffei** | **Krauss-Maffei** | **KWS Wegmann & Co** |
| | 1973–1974 | 1974–1976 | Umrüstung 1988–1993 |
| **Motor** | | | |
| | MTU Mehrstoff-Dieselmotor<br>MB 838 CaM-500<br>10-Zyl.-V-90°-Viertakt-Vorkammer-Mehrstoff-Motor<br>mit mechanischem Ladegebläse | | |
| Leistung kW(PS)/min$^{-1}$ | 610(830)/2200 | | |
| Hubraum (cm$^3$) | 37.400 | | |
| **Getriebe** | | | |
| | Zahnradfabrik Friedrichshafen<br>4 HP 250<br>4-Gang-Planeten-Schalt- und Lenkgetriebe<br>mit hydraulischen Drehmomentenwandler<br>4 Vorwärts-, 2 Rückwärtsgänge | | |
| **Allgemeine Daten** | | | |
| Gesamtmaße (L x B x H) 1) (mm) | 9543 x 3370 x 2613<br>(Breite mit Kettenblenden)<br>(Höhe OK TRP 2A) | 9543 x 3370 x 2764<br>(Breite mit Kettenblenden)<br>(Höhe OK PERI R12) | 9540 x 3370 x 2613<br>(Breite mit Kettenblenden)<br>(Höhe OK TRP 2A) |
| Spurweite (mm) | 2700 | 2700 | 2700 |
| Auflagelänge der Kette (mm) | 4236 | 4236 | 4236 |
| Kettenbreite (mm) | 550<br>(Verbindergleiskette D 640 A) | 550<br>(Verbindergleiskette D 640 A) | 550<br>(Verbindergleiskette D 640 A) |
| Bodenfreiheit (mm) | 440 | 440 | 440 |
| Wattiefe (mm) | 1200 | 1200 | 1200 |
| Tiefwatfähig (mit Tiefwatschacht) (mm) | 2200 | 2200 | 2250 |
| UF-Fähigkeit (mm) | 4000 | 4000 | 4000 |
| Gefechtsgewicht (kg) | 42.400 | 42.400 | 42.200 |
| Höchstgeschwindigkeit (Str./Gel.) (km/h) | 64 (BW 50)/ | 64 (BW 50) | 62 (BW 50)/ |
| Bewaffnung | 1 Kanone 105-mm-L/51<br>1 Blenden-MG<br>(7,62 mm x 51)<br>1 Fla-MG (7,62 mm x 51)<br>Nebelmittelwurfanlage | 1 Kanone 105-mm-L/51<br>1 Blenden-MG<br>(7,62 mm x 51)<br>1 Fla-MG (7,62 mm x 51)<br>Nebelmittelwurfanlage | 1 Kanone 105-mm-L/51<br>1 Blenden-MG<br>(7,62 mm x 51)<br>1 Fla-MG (7,62 mm x 51)<br>Nebelmittelwurfanlage |
| Besatzung | 4 | 4 | 4 |

1) Länge mit Kanone in Stellung 12 Uhr

Mit dem Leopard 1 forderte die Truppe eine Fahrzeugfamilie, die die Leistungen des Kampfpanzers hinsichtlich Marschgeschwindigkeit, Geländegängigkeit, Tauchfähigkeit, ABC-Schutz- und Dauerstandfestigkeit erreichte. Diese Forderungen konnten bei der Entwicklung der Bergepanzer, Pionierpanzer, Brückenlegepanzer und Flakpanzer unter der Verwendung wesentlicher Baugruppen des KPz Leopard 1 verwirklicht werden.

Als erstes Serienfahrzeug der Fahrzeugfamilie wurde der **Bergepanzer 2 »Standard«** am 09.09.1966 von der Atlas-MaK Maschinenbau GmbH Kiel der Truppe übergeben, wo er den Bergepanzer M 74 ablöste.

Mit einer hydraulisch betätigten, 270 Grad schwenkbaren Krananlage mit Hubwinde für Instandsetzungsarbeiten am Kampfpanzer ausgestattet, kann der Austausch von Triebwerk und Turm in kürzester Zeit erfolgen. Die Räumschaufel ist so ausgelegt, dass sie die Arbeit beim Anheben schwerer Lasten und die Arbeit mit der Hauptwinde unterstützt. Weiterhin können unebenes Gelände geglättet, Hindernisse und Sperren geräumt, sowie Deckungen ausgehoben werden.

Die liegende Seiltrommel der Hauptwinde in der Mitte des Bedienraumes hat eine maximale Zugkraft von 35 Mp. Dank einer außerhalb des Fahrzeuges angebrachten Umlenkrolle lässt sich die Zugkraft auf 70 Mp verdoppeln. Zum Eigenschutz ist der Bergepanzer mit einer Nebelmittelwurfanlage, einem MG an der Stirnseite und einem Fla-MG auf der Kommandantenluke bewaffnet.

Bis 1970 erhielt die Bundeswehr 444 Bergepanzer 2 Standard. Für die mit dem Flugabwehr-Kanonenpanzer und KPz Leopard 2 ausgerüsteten Verbände und Einheiten wurde ein leistungsgesteigerter **Bergepanzer 2 A2** entwickelt. Von 1977–1978 erhielt die Truppe 110 Fahrzeuge. Die wesentlichsten Änderungen des 40,6 t schweren Fahrzeugs (Gefechtsgewicht) waren ein verstärkter 20-t-Kran, eine Teleskopabstützung rechts am Heck sowie die Erhöhung der Seilausfahrgeschwindigkeit. Der BPz 2 A2 schuf die Möglichkeit, den Turm des Flugabwehr-Kanonenpanzers Gepard und ab 1979 den des KPz Leopard 2 ziehen zu können.

Mit dem **Bergepanzer 2 A1/Pionierpanzer 1 Leopard** verstärkte 1969 ein drittes Mitglied die Panzerfamilie. Äußerlich dem Bergepanzer 2 ähnelnd, stimmten auch die Hauptbaugruppen der Bergeeinrichtung völlig überein. Den Bedürfnissen der Pioniertruppe angepasst, bekam der Pionierpanzer ein Erdbohrgerät, mit dem er Erdlöcher von 0,7 m Durchmesser und 2,0 m Tiefe bohren konnte.

Das vergrößerte Räumschild kann auf Grund seiner Form zum Planieren, Räumen und Ausheben von Deckungsgräben verwendet werden. Der Anbau von vier Reißzähnen an die

**Bergepanzer STANDARD mit gezogenem Triebwerk. (15)**

Schaufel ist vorbereitet, sodass im Rückwärtsgang Aufreißarbeiten ausgeführt werden können. Äußerlich unterscheidet sich der Pionierpanzer vom Bergepanzer durch seine Leiter am Kranausleger, die zum einfacheren Auswechseln des Erdbohrgerätes dient. Die Bundeswehr beschaffte 36 Pionierpanzer 1.

Seit 1988 verfügt die Pioniertruppe über einen echten Pionierpanzer. Aus 104 freigewordenen Bergepanzern 2 und den vorhandenen 36 Pionierpanzern 1 wurde ein leistungsfähiger und kampfwertgesteigerter **Pionierpanzer 2 A1 Dachs** geschaffen, den grundlegende Änderungen von seinen Vorläufern unterscheiden: Statt Kranausleger und Erdschnecke verfügt er über einen um 195° schwenkbaren Teleskoparm mit Tieflöffel. Die Baggerleistung beträgt 140 $m^3$/h, die Räumleistung 270 $m^3$/h. Arbeiten in Gewässern sind bis zu einer Tiefe von 0,8 m möglich, mit Tiefwatausrüstung bis 2,25 m. Sollte es die Lage erfordern, kann mit einem Luftschacht und besonderen Vorkehrungen bis zu einer Wassertiefe von 4 m gearbeitet werden.

Die Einführung neuer Ausrüstungsteile machte eine Überarbeitung des Verstauungskonzepts für außen und innen erforderlich. Die Umrüstungsmaßnahmen werden von der Industrie im Rahmen der Instandsetzung seit 2009 durchgeführt und sind noch nicht abgeschlossen (2013). An den linken und rechten Außenseitenwänden wurden je zwei Werkzeugkästen sowie ein Staukasten auf der vorderen Triebwerkraumabdeckung angebracht. Während die seitlichen Kästen überwiegend an gleicher Stelle angebrachte Werkzeuge aufnehmen, werden in dem Staukasten auf der Triebwerkraumabdeckung Ausrüstungsgegenstände mitgeführt, die nicht in die seitlichen Staukästen passen.

Eingesetzt wird der Pionierpanzer Dachs bei den Panzerpionier-Bataillonen, schweren Pionier-Bataillonen, Gebirgspionier-Bataillonen und den selbstständigen Panzer-Pionier-Kompanien.

Von 1973–1975 beschaffte die Bundeswehr 105 **Brückenlegepanzer 1 Biber**. Der Brückenlegepanzer auf Fahrgestell Leopard 1 führt eine zweiteilige, 22 m lange Panzerbrücke mit, die horizontal im freien Vorbau verlegt wird. Während der Verlegung ruht die Last der Brücke vorwiegend auf dem am Bug befindlichen Stützschild, das die Standfestigkeit des Fahrgestells erhöht. Das Verlegen und Aufnehmen der Brücke kann unter Panzerschutz erfolgen. Die Verlegezeit beträgt zwischen 2 und 8 Minuten, je nach Geländebeschaffenheit. Geländeeinschnitte bis zu 20 m können überwunden werden. Die Länge der Brücke beträgt 22 m, die Breite 4 m und das Gefechtsgewicht des Brückenlegepanzers 45,3 t.

Der BrPz 1 Biber hat den BrPz M 48 A2 abgelöst. Mit dem BrPz ausgerüstet sind die PzPiKp der Brigaden.

Als Ersatz für den gegen moderne Kampfflugzeuge nur noch bedingt wirksamen FlakPz M 42 erteilte die Bundeswehr 1958 Hispano Suiza (CH) den Auftrag über die Entwicklung eines Flakpanzers mit 30-mm-Zwillingskanone auf dem Schützenpanzerfahrgestell des HS 30.

Nach zeitweiliger Einstellung der Entwicklung auf Weisung des BMVg wurde das Projekt 1961 erneut aufgenommen. British Manufacture and Research Comp. (Britisch Marc), eine Tochtergesellschaft von Hispano Suiza, und Rheinmetall erhielten die Entwicklungsaufträge. Der Vertrag schloss den Bau von je zwei Prototypen mit Feuerleit-Radareinrichtung ein. 1964 wurde die Entwicklung auf dem Fahrgestell des Schützenpanzers HS 30 mit der vorgesehenen 30-mm-Flakzwilling (Hispano Suiza/British Marc) auf Grund des nicht geeigneten Radargerätes der englischen Firma Elliot abgebrochen.

Auch die fast gleichzeitig seit 1958 geführte Entwicklung einer 30-mm-Flakzwilling auf dem Fahrgestell des Schützenpanzers, neu (Rheinmetall/Rheinstahl - Hanomag) wurde Ende 1964 abgebrochen. Grund war das ungeeignete Feuerleit-Radargerät von Elliot, der zu enge Innenraum für die Besatzung und das für den neuen Flak-Turm ungeeignete Trägerfahrzeug.

Es hatte sich gezeigt, dass die sehr schwer werdende Waffen- und Feuerleitanlage vorteilhafter auf einem modifizierten Fahrgestell des KPz Leopard untergebracht werden konnte. Im September 1965 wurde die Verwendung eines KPz Leopard-Fahrgestells genehmigt. Ursprünglich noch am 30-mm-Kaliber festhaltend, entschied am 26. Juni 1970 das BMVg, auf Grundlage einer Wirksamkeits- und Kostenstudie und einer eingehenden Bestandsaufnahme der 30-mm- und 35-mm-Panzerflakprogramme, den FlakPz mit der 35-mm-Oerlikon-Waffe fertig zu entwickeln.

Die Einführungsgenehmigung des **FlakPz 1 Gepard** und die Beschaffung einer Vorserie wurden 1973 erteilt. Die Entscheidung fiel zu Gunsten der Ausführung B 2, die mit 35-mm-Zwillingskanonen, mit Such- und Zielfolgeradar sowie einer Energie- und Feuerleitanlage ausgerüstet ist. Am 16.12.1976 wurde das erste von 420 Serienfahrzeugen an die Bundeswehr übergeben. Der erste mit FlakPz 1 Gepard ausgerüstete Verband war das PzFlakBtl 6 in Neumünster. Bis Produktionsnummer 195 wurde ohne, danach mit Laserentfernungsmesser ausgeliefert (Typ B 2L). Am 29.10.1980 wurde der letzte FlakPz 1 Gepard vom Hersteller übergeben. Ab 1985 wurde im Rahmen der Hauptinstandsetzung ein Großteil der Typen B 2 mit Laserentfernungsmesser nachgerüstet und auf den Stand B 2L gebracht. 382 FlakPz 1 wurden mit dem Laserentfernungsmesser ausgerüstet.

Der FlakPz 1 Gepard kann Flugziele im unteren und mittleren Höhenbereich bekämpfen. Seine Höchstschussweite beträgt 3500 m. In Ausnahmefällen können auch leicht gepanzerte Bodenziele bis zu einer Entfernung von 1200 m wirksam beschossen werden. Der lang gestreckte, schmale gepanzerte Turm sitzt im vorderen Drittel des Fahrgestells. Seitlich lafettiert sind die 35-mm-Flugabwehrkanonen sowie am Heck des Turmes ein abklappbares Rundumsuch-Radargerät. Das Zielverfolgungsradar sitzt an der Vorderfront des Turmes. Als Sekundärbewaffnung sind zwei Nebelmittelwurfanlagen am Turm angebracht. Aus Gewichtsgründen wurde bereits 1978 entschieden, keine Kettenschürzen anzubringen.

Zwischen 1998 und 2003 wurde an 140 Fahrzeugen eine NDV durchgeführt. Sie beinhaltete u. a. den Einbau eines modernen Digitalrechners für die Feuerleitung, den Einbau moderner Datenfunkgeräte (SEM 93) zur Anbindung des FlakPz an das HFLaAFüSyS, Modifizierung der Waffe zur Verwendung neuer leistungsfähiger Munition und Einbau einer Klimaanlage zur Kühlung des Kampfraumes und elektronischer Baugruppen. Die Bezeichnung lautet **FlakPz 1 A2 Gepard**.

Durch die neue Struktur »Heer 2010« vom 8. März 2010 wurde wegen der Entscheidung des Bundesverteidigungsministeriums das Waffensystem FlakPz 1 Gepard in der Bundeswehr abgeschafft. Mit der Ausphasung wurde noch 2010 begonnen. Die so freigewordenen FlakPz 1 Gepard sind zum größten Teil an befreundete Nationen verkauft worden.

Ein weiteres Mitglied der Leopard 1-Panzerfamilie sollte der **Beobachtungspanzer Artillerie Leopard 1 A5 A1 (BeobPzArt Leop)** werden und folgende Aufgaben wahrnehmen:

- Beobachtung des Gefechtsfeldes.
- Zielerkennung und Zielvermessung.
- Bestimmung der Zielkoordinaten im UTM-Gitter.
- Bestimmung der Standortkoordinaten im UTM-Gitter.
- Übermittlung von Daten über Funk an die Feuerleitstelle und andere Stellen der Artilleriebataillone.

Der BeobPz wurde mit einem Wärmebildgerät (WBG), das als Beobachtungs- und Zielgerät bei eingeschränkter Sicht und gegen getarnte Ziele im Tag- und Nachtkampf eingesetzt werden kann, ausgestattet. Das WBG ist in die Feuerleitanlage des BeobPzArt Leop integriert.

Die Kanone des um 360° schwenkbaren Turmes wurde ausgebaut, als Sekundärbewaffnung wurde das koaxiale Blenden-MG 7,62 mm x 51, das Fla-MG 7,62 mm x 51 und die Nebelmittelwurfanlage beibehalten. Die Einführung war geplant und sollte den Beobachtungspanzerartillerie (BeobPzArt) M 113 ablösen. Von der Einführung wurde jedoch abgesehen. Stattdessen sollte die Aufgabe ein Beobachtungspanzer auf Basis des KPz Leopard 2 übernehmen, zu dessen Einführung es aber nicht kam (siehe Seite 131).

Der Fahrschulpanzer Leopard 1 wurde auf Grundlage des Fahrgestells KPz Leopard 1 für die Ausbildung von Fahrschülern entwickelt. Den Turm ersetzte eine Fahrschulkabine mit Ballastring und Rohrattrappe. Mit einer Übersteuerungsanlage kann der Fahrlehrer jederzeit in das Fahrgeschehen eingreifen. Von 1978–1979 beschaffte die Bundeswehr 60 Fahrschulpanzer Leopard 1.

**Bergepanzer STANDARD mit Schneeräumschild, das nach den Erfahrungen der schweren Schneekatastrophen in den 60er- und 70er-Jahren in Norddeutschland entwickelt wurde. Das Räumschild wurde nicht eingeführt, da die Beschaffung und Zuständigkeit bei Katastrophenfällen Ländersache ist. (15)**

**Bergepanzer 2 A2, erkennbar an der seitlich angebrachten Grundplatte für Teleskopabstützung. (15)**

**Bergepanzer 2 A2. Die Heckansicht zeigt die auf der rechten Seite angebrachte Teleskopabstützung. (61)**

Pionierpanzer 1 beim Einsatz mit Erdbohrer. (15)

Das Bild zeigt den auf dem Heck des Pionierpanzers 1 verstauten Erdbohrer. (61)

Pionierpanzer 2 A1 Dachs bei Geländefahrt. (06)

Pionierpanzer 2 A1 Dachs neues Verstauungskonzept. Erkennbar an den zwei Werkzeugkästen, jeweils an der linken und rechten Seitenwand, sowie an dem Staukasten auf der vorderen Triebwerkraumabdeckung. (71)

## Bergepanzer Standard, Bergepanzer 2 A2, Pionierpanzer 1

| Bezeichnung | Bergepanzer 2 Standard | Bergepanzer 2 BPz 2 A2 | Pionierpanzer 1/ Bergepanzer 2 BPz 2 A1 |
|---|---|---|---|
| Hersteller | **Atlas-MaK** | **MaK** | **Atlas-MaK** |
| | 1968–1969 | 1977–1978 | 1968–1969 |
| **Motor** | | | |
| | MTU Mehrstoff-Dieselmotor<br>MB 838 CaM-500<br>10-Zyl.-V-90°-Viertakt-Vorkammer-Mehrstoff-Motor<br>mit mechanischem Ladegebläse | | |
| Leistung kW(PS)/min$^{-1}$ | 610(830)/2200 | | |
| Hubraum (cm$^3$) | 37.400 | | |
| **Getriebe** | | | |
| | Zahnradfabrik Friedrichshafen<br>4 HP 250<br>4-Gang-Planeten-Schalt- und Lenkgetriebe<br>mit hydraulischem Drehmomentenwandler<br>4 Vorwärts-, 2 Rückwärtsgänge | | |
| **Allgemeine Daten** | | | |
| Gesamtmaße (L x B x H) (mm) | 7570 x 3250 x 2695 (Länge mit angehobenem Räumschild, Ausleger in Marschstellung. Höhe einschließlich Fla-MG) | 7680 x 3250 x 2695 (Länge mit angehobenem Räumschild, Ausleger in Marschstellung. Höhe einschließlich Fla-MG) | 7980 x 3250 x 2695 (Länge mit angehobenem Räumschild, Ausleger in Marschstellung. Höhe einschließlich Fla-MG) |
| Auflagelänge der Kette (mm) | 4236 | 4236 | 4236 |
| Spurweite (mm) | 2700 | 2700 | 2700 |
| Kettenbreite (mm) | 548 | 548 | 548 |
| Bodenfreiheit (mm) | 440 | 440 | 440 |
| Wattiefe (mm) | 1200 | 1200 | 1200 |
| Tiefwatfähig (mit Tiefwatschacht) (mm) | 2250 | 2250 | 2250 |
| UF-Fähigkeit (mm) | 4000 | 4000 | 4000 |
| Leergewicht (mm) | 39.200 | 39.980 | 40.200 |
| Gefechtsgewicht (kg) | 39.800 | 40.580 | 40.800 |
| Höchstgeschwindigkeit (Str.) (km/h) | 62 | 62 | 62 |
| Bewaffnung | 1 Bug-MG 7,62 mm x 51<br>1 Fla-MG 7,62 mm x 51<br>Nebelmittelwurfanlage | 1 Bug-MG 7,62 mm x 51<br>1 Fla-MG 7,62 mm x 51<br>Nebelmittelwurfanlage | 1 Bug-MG 7,62 mm x 51<br>1 Fla-MG 7,62 mm x 51<br>Nebelmittelwurfanlage |
| Berge- und Pioniergerät | Kran 20 t bei 2 m Auslegung<br>Seilwinde 35 t<br>(Seil doppelt 70t) | Kran 20 t bei 2 m Auslegung<br>Seilwinde 35 t<br>(Seil doppelt 70t)<br>Abstützung hinten rechts | Kran 20 t bei 2 m Auslegung<br>Seilwinde 35 t<br>(Seil doppelt 70t)<br>Räumschild mit aufsteckbaren Reißzähnen<br>Erdbohrer |
| Räumschild (B x H) (mm) | 3250 x 591 | 3250(3750)1) | 3250 x 591 |
| Besatzung | 4 | 4 | 4 |

1) Räumschildbreite mit Seitenteilen

Brückenlegepanzer 1 Biber vor dem Ablegevorgang der Panzerschnellbrücke. (06)

Brückenlegepanzer 1 Biber nach erfolgter Ablegung der Panzerschnellbrücke und nachfolgender Überquerung. (71)

Flugabwehrkanonenpanzer 1 Gepard (Typ 2 B) in der 1976 ausgelieferten Version. (05)

Flugabwehrkanonenpanzer 1 A1 Gepard (Typ 2 B L), ab Produktionsnummer 196 mit Laserentfernungsmesser. (05)

Flugabwehrkanonenpanzer 1 A2 Gepard, Ansicht von oben rechts. (71)

Gepard 1 A2 beim Flugabwehrschutz im Gelände. (06A)

Beobachtungspanzer Artillerie Leopard 1 A5A1. Das Fahrzeug wurde nicht beschafft. (01)

Fahrschulpanzer Leopard 1. (15)

Fahrschulpanzer Leopard 1 mit nachgerüsteter Dachklimaanlage. (84)

## Pionierpanzer 2 Dachs, Brückenlegepanzer Biber, Flugabwehrkanonenpanzer Gepard

| **Bezeichnung** | **Pionierpanzer 2 Dachs** | **Brückenlegepanzer Biber** | **Flugabwehrkanonenpanzer 1 A2 Gepard** |
|---|---|---|---|
| Hersteller | **MaK** | **MaK** | **Krauss-Maffei** |
| | 1988–1990 | 1973–1975 | 1998–2003 |
| **Motor** | | | |
| | MTU Mehrstoff-Dieselmotor MB 838 CaM-500 10-Zyl.-V-90°-Viertakt-Vorkammer-Mehrstoff-Motor mit mechanischem Ladegebläse | | |
| Leistung kW(PS)/min$^{-1}$ | 610(830)/2200 | | |
| Hubraum (cm$^3$) | 37.400 | | |
| **Getriebe** | | | |
| | Zahnradfabrik Friedrichshafen 4 HP 250 4-Gang-Planeten-Schalt- und Lenkgetriebe mit hydraulischen Drehmomentenwandler 4 Vorwärts-, 2 Rückwärtsgänge | | |
| **Allgemeine Daten** | | | |
| Gesamtmaße (L x B x H) (mm) | 8925 x 3250 x 2570 (Länge mit Baggerzurrung »Geländefahrt«) | 11.820 x 4000 x 2570 (Länge, Breite und Höhe mit Panzerschnellbrücke) 10.590 x 3250 x 2670 (ohne Panzerschnellbrücke) | 7400 x 3280 x 3210 2) (Suchradar aufgerichtet 4160 mm) |
| Auflagelänge der Kette (mm) | 4236 | 4236 | 4280 |
| Spurweite (mm) | 2700 | 2700 | 2700 |
| Kettenbreite (mm) | 548 | 548 | 548 |
| Bodenfreiheit (mm) | 440 | 420 | 440 |
| Wattiefe (mm) | 800 | 1200 | 750 |
| Tiefwatfähig (mit Tiefwatschacht) (mm) | 2250 | 1650 | 2250 |
| UF-Fähigkeit (mm) | 4000 | – | – |
| Leergewicht (mm) | 42.500 | 35.100 (ohne Brücke) | 45.200 |
| Gefechtsgewicht (kg) | 43.000 | 45.300 | 46.060 |
| Höchstgeschwindigkeit (Str.) (km/h) | 62 | 62 | 62 |
| Bewaffnung | 1 Bug-MG 7,62 mm x 51 1 Fla-MG 7,62 mm x 51 Nebelmittelwurfanlage | Nebelmittelwurfanlage | 2 MK 35-mm-L/90 Nebelmittelwurfanlage |
| Pioniergerät | Teleskopbaggerarm mit Tieflöffel (Fassungsvermögen 1,1 m$^3$) | Zweiteilige Brücke Brückenlänge 22 m Stützschild | – |
| Räumschild (B x H) (mm) | 3250(3750) 1) x 940 | – | – |
| Besatzung | 3 | 2 | 3 |

1) Räumschildbreite mit Seitenteilen 2) Höhe Kiste auf dem Turm (3660 mm über RKL)

Zwar nicht zur Leopard 1-Fahrzeugfamilie gehörend, aber auf einem KPz Leopard 1-Fahrgestell aufgebaut, hat die Flensburger Fahrzeugbau Gesellschaft mit dem **Minebreaker 2000/2** ein spezielles Räumgerät entwickelt. Angetrieben durch einen Leopard-Motor, kann je nach Bodenbeschaffenheit und einer Räumtiefe von 0–0,5 m eine Räumgeschwindigkeit zwischen 2 und 20 m/min erreicht werden. Die mögliche Tagesräumleistung liegt zwischen 1000 $m^2$ und 4000 $m^2$.
Im Unterschied zum MiRPz Keiler erhielt der Minebreaker 2000/2 zum Räumen eine mit Schneidmeißeln ausgestattete, 3,69 m breite Fräswalze von 1,8 m Durchmesser. Mit ihr lassen sich herkömmliche Schützen- und Panzerabwehrminen mühelos zur Detonation bringen bzw. »schreddern«.

Der Antrieb von Walze und Fahrzeug erfolgt hydrostatisch. Diese Antriebskombination ermöglicht es, Fahrgeschwindigkeiten von maximal 4 km/h und, für den Fräsbetrieb entscheidend, Räumgeschwindigkeiten von weniger als 1 m/min zu fahren. Der Bediener ist in einer auf Schockabsorber gesetzten, mit Panzerstahl geschützten Fahrerkabine untergebracht. Das Gesamtgewicht des Minebreaker 2000/2 beträgt ca. 47.000 kg.
Im Juli 2002 durch das BWB beschafft, war das Fahrzeug von September 2003 bis in den Sommer 2004 in Kabul und Bagram in Afghanistan erfolgreich im Einsatz. Danach Rücktransport zur Werksinstandsetzung nach Deutschland und von dort aus an die Pionierschule nach Ingolstadt.

**MINEBREAKER 2000/2. Unverkennbar das Leopard 1-Fahrgestell als Basis für den Umbau. (35)**

**Nicht allein durch seine Farbgebung hebt sich das in RAL 3000 rot ausgelieferte Fahrzeug von den anderen Pioniergeräten ab; die Ansicht auf die mit Schneidmeißeln ausgestattete 3,69 m breite Fräswalze zeigt es. (35)**

## 2.5 Mittlerer Kampfpanzer Leopard 2 und Familienfahrzeuge

Das Hauptwaffensystem der gepanzerten Kampftruppen ist der Kampfpanzer Leopard 2. Seine Geburtsstunde schlug mit dem 1963 geschlossenen deutsch-amerikanischen Regierungsübereinkommen zur Entwicklung eines einheitlichen, standardisierten Kampfpanzers für die Streitkräfte der USA und der Bundeswehr. In beiden Staaten mussten Kampfpanzer vordringlich ersetzt werden. In der Bundeswehr war dies der M 48, bei den US-Streitkräften der M 60. Das gemeinsame Projekt Kampfpanzer 70 wurde jedoch 1970 im Zustand der Prototypenreife vor allem wegen ständig steigender Kosten eingestellt. Die durch die Entwicklung gewonnene Erfahrung, zum Teil technisches Neuland, wurde in nationale Entwicklungsprogramme umgesetzt. In der Bundesrepublik führte diese Entwicklung zum KPz Leopard 2, nicht ohne den nochmaligen Versuch, mit den Amerikanern ein gemeinsames Panzerkonzept zu verwirklichen. 1977 scheiterte das Projekt endgültig.
Am 25. Oktober 1979 wurde der erste **mittlere Kampfpanzer (KPz) Leopard 2** vom Generalunternehmer Krauss-Maffei Wehrtechnik (KMW), München, der Truppe übergeben. Insgesamt 2125 mittlere **KPz Leopard 2 A0 – A4** wurden in acht Baulosen (ursprünglich waren nur fünf Baulose mit insgesamt 1800 Kampfpanzer vorgesehen) bis zum 19. März 1992 ausgeliefert und dabei auch die frühen Fahrzeuge auf den Stand des Leopard 2 A4 gebracht. Von Los zu Los immer weiter technisch verbessert, fand mit dem 8. Baulos die vorläufige Optimierung des Kampfpanzers statt.
Der **KPz Leopard 2 A4** hat vier Mann Besatzung und ist mit einer 120-mm-Glattrohr-Kanone L/44 im Drehturm ausgestattet. Als Sekundärbewaffnung sind ein Blenden-MG 7,62 mm x 51, ein Fla-MG 7,62 mm x 51 und eine Nebelmittelwurfanlage mit 16 Wurfbechern vorhanden.
Das 1100 kW (1500 PS) leistende Triebwerk befindet sich im Heck des Fahrgestells. Der Kampfpanzer kann aufgrund seiner Ausstattung mit einem Wärmebildgerät bei Tag, Nacht und schlechten Sichtbedingungen eingesetzt werden.
Eine Waffennachführanlage ermöglicht es, während der Fahrt mit der Waffe auf dem Ziel zu bleiben und dieses zu bekämpfen. Im Unterschied zu bisherigen Stabilisationssystemen wird dabei die Zieloptik des Richtschützen stabilisiert und die Kanone nur nachgeführt. Die Schussfreigabe erfolgt, wenn die tatsächliche Position der Kanone mit der errechneten übereinstimmt. Zur Berechnung dieser Daten wird ein Feuerleitrechner mit digitalem Kern genutzt.
Der Verzicht auf die Entwicklung eines neuen Kampfpanzers

**Prototyp Kampfpanzer 70, konzeptionell mit Turm 152-mm-Rohrwaffe (für Shillelagh-Flugkörper und konventionelle Munition) oder 120-mm-Kanone vorgesehen. Als Sekundärbewaffnung eine 20-mm-Maschinenkanone (für Luft- und Erdziele) mit turmunabhängigem Schwenkbereich und ein 7,62-mm-Maschinengewehr (koaxial zur Hauptwaffe). Besatzung 3 Mann. (06)**

(PzKW 2000) führte zur Notwendigkeit der erneuten Aufnahme einer Kampfwertsteigerung (KWS). Die optimale Lösung, bekannt als Truppenversuchsmuster (TVM) max., erwies sich vor dem Hintergrund schwindender Haushaltmittel als nicht realisierbar, so dass eine Alternativlösung – bekannt als die »Mannheimer Konfiguration« – erarbeitet wurde. Die Planung für die Kampfwertsteigerung wurde letztendlich in zwei Phasen aufgeteilt.
KWS Phase I umfasste die Verbesserung der Feuerkraft durch:

- Einsatz eines längeren Rohres für die Hauptwaffe (L/55).
- Verwendung von leistungsgesteigerter KE-Munition.

KWS Phase II umfasste Maßnahmen zu Schutz und Führbarkeit:

- Austauschbare Schutzmodule.
- Verstärkter Panzerschutz an Turmfront und Turmseiten (umgestaltete Kanonenblende).
- Integration eines Wärmebildgerätes in das Kdt-Periskop.
- Ersatz des bisherigen elektro-/hydraulischen durch einen elektrischen Turm-/Waffenantrieb.
- Ersatz des mechanischen Notrichtantriebes durch einen elektrischen Notantrieb.
- Einbau einer hybriden Navigationsanlage (Kreisel / GPS System).
- Einbringung der Möglichkeit der Erst- bzw. Zweitechoverwertung durch den Laser.
- Neue Fahrerluke.
- Einbau einer Videokamera am Heck mit Monitor im Fahrerraum für den Militärkraftfahrer.

350 Kampfpanzer sollten umgerüstet werden. Begonnen wurde die Umrüstung mit der KWS Phase II in zwei Losen (erst 225, dann weitere 125) ab 1995. 285 KPz Leopard 2 A4 wurden auf den Stand **KPz Leopard 2 A5** gebracht.
Das erste Serienfahrzeug mit abgeschlossener KWS Phase I wurde am 7. März 2001 bei KMW in München als KPz Leopard 2 A6 der Truppe übergeben.
160 Fahrzeuge wurden vom KPz Leopard 2 A5 zu **KPz Leopard 2 A6** umgerüstet; 65 Fahrzeuge liefen gleich bei KMW als KPz Leopard 2 A6 vom Band.
Im März 2005 war die Umrüstung von 225 Fahrzeugen abgeschlossen.
In den Jahren 2004–2008 wurden 70 KPz Leopard 2A6 zu **KPz Leopard 2A6M** umgerüstet, um den Minenschutz zu verbessern.

- Dazu wurde der Wannenboden durch eine Zusatzplatte im Bereich des Besatzungsraumes verstärkt.
- Die Notausstiegsluke verstärkt und konstruktiv anders verriegelt.
- Der mechanische am Wannenboden verschraubte Fahrersitz durch einen aufgehängten Gurtsitz ausgetauscht.
- Die Sitze der Turmbesatzung vom Drehbühnenboden entkoppelt und seitlich angeschlagen.
- Die vorderen Drehstäbe und der Schleifring im Innenraum mit einer Abdeckung ausgestattet.
- Eine umfangreiche Umverstauung der Bordausstattung im Turm durchgeführt.

Die Leistungsfähigkeit des Minenschutzes wurde bereits im Einsatz durch kanadische Streitkräfte erwiesen. Der erhöhte Schutz hat auch einen Preis. Das Gefechtsgewicht stieg um 2.500 kg auf ca. 62.500 kg und der Munitionsbestand musste geringfügig reduziert werden. Zukünftig werden 225 KPz, im Wesentlichen die Versionen A6 und A6M, im Heer Verwendung finden. Eine begrenzte Anzahl von 17 KPz Leopard 2 A5 wird im Gefechtsübungszentrum des Heeres (GefÜbZ H) eingesetzt.

**Draufsicht auf den KPz 70, die 20-mm-Maschinenkanone ist auf Stellung 6 Uhr eingefahren. (06)**

Kampfpanzer Leopard 2, 1. Baulos mit abgedecktem Querwindsensor, ohne WBG. (15)

Kampfpanzer Leopard 2 A1, 3. Baulos mit WBG, Entfall Querwindsensor, PERI R17 um 50 mm höher gesetzt. (06A)

Kampfpanzer Leopard 2 A2, beim Aufmunitionieren durch die Munitionsluke im Turm. Ab spätes 5. Baulos wurde die Öffnung der Munitionsluke verschlossen. (61)

Kampfpanzer Leopard 2 A4, 8. Baulos mit neuer, leichter Kettenblende. (37)

Kampfpanzer Leopard 2 A5 mit 120-mm-L/44-Kanone und leichter Kettenblende der ersten Generation. (71)

Kampfpanzer Leopard 2 A5 mit 120-mm-L/44-Kanone und verschweißter Munitionsluke des 1.–5. Bauloses, modernisiert. (71)

Kampfpanzer Leopard 2 A5 mit 120-mm-L/44-Kanone, leichter Kettenblende der zweiten Generation mit kleiner Aufstiegshilfe. (37)

Kampfpanzer Leopard 2 A5 mit 120-mm-L/44-Kanone, einem dreiteiligen Unterwasserfahrschacht und leichter Kettenblende der zweiten Generation mit größerer Aufstiegshilfe. (71)

Kampfpanzer Leopard 2 A6 mit 120-mm-Kanone L/55 und schweren Seitenschürzen des KPz Leopard 2 A4, ab dem 6. Baulos. (71)

Kampfpanzer Leopard 2 A6 mit 120-mm-Kanone L/55. (71)

Kampfpanzer Leopard 2 A6 M (Minenschutz) mit leichten Kettenblenden der dritten Generation und späterer Mehrfachwurfanlage. Ansonsten äußerlich unverändert und nur an der teilweise am Bug hochgezogenen zusätzlichen Panzerung unterhalb des Kampfraumes zu erkennen. (71)

Kampfpanzer Leopard 2 A6 M. Gut sichtbar unterhalb am Bug die teilweise hochgezogene zusätzliche Panzerung. (71)

## Kampfpanzer Leopard 2 A4, 2 A5, 2 A6

| **Bezeichnung** | **Kampfpanzer Leopard 2 A4** | **Kampfpanzer Leopard 2 A5** | **Kampfpanzer Leopard 2 A6** |
|---|---|---|---|
| Hersteller | **Krauss-Maffei<br>MaK** | **Krauss-Maffei<br>MaK** | **Krauss-Maffei** |
| | 1982–1992 | 1995–1998 | 2001–2005 |
| **Motor** | | | |
| | MTU<br>MB 873 Ka 501<br>12-Zylinder-V-90°-Viertakt-Vorkammer-,<br>Mehrstoff-Dieselmotor,<br>Abgas-Turbo-Aufladung mit interner Ladeluftkühlung | | |
| Leistung kW(PS)/min$^{-1}$ | 1100(1496)/2600 | | |
| Hubraum (cm$^3$) | 47.600 | | |
| **Getriebe** | | | |
| | Renk HSWL 354<br>Hydromechanisches Schalt-, Wende- und Lenkgetriebe,<br>halb- und vollautomatisch schaltbar<br>mit kombinierter hydrodynamisch-mechanischer Betriebsbremse.<br>4 Vorwärts-, 2 Rückwärtsgänge | | |
| **Allgemeine Daten** | | | |
| Gesamtmaße (L x B x H) [1]<br>(mm) | 9670 x 3750 x 2790<br>(Höhe PERI R 17)<br>(Höhe OK Lafette 2920) | 9670 x 3760 x 3030<br>(Höhe PERI R 17)<br>(Höhe OK Lafette 2990) | 10.970 x 3740 x 3030<br>(Höhe PERI R 17)<br>(Höhe OK Lafette 2990) |
| Auflagelänge der Kette (mm) | 4950 (links) / 4920 (rechts) | 4950 (links) / 4920 (rechts) | 4950 (links) / 4920 (rechts) |
| Spurweite (mm) | 2785 | 2785 | 2785 |
| Kettenbreite (mm) | 635 | 635 | 635 |
| Bodenfreiheit (mm) | 540 v / 500 h | 540 v / 490 h | 540 v / 490 h |
| Wattiefe (mm) | 1200 | 1200 | 1200 |
| Tiefwatfähig (mit Tiefwat-schacht) (mm) | 2250 | 2250 | 2250 |
| UF-Fähigkeit (mm) | 4000 | 4000 | 4000 |
| Leergewicht (mm) | 52.000 | 57.300 | 57.700 |
| Gefechtsgewicht (kg) | 55.150 | 59.500 | 59.900 |
| Höchstgeschwindigkeit (Str.)<br>(km/h) | 68 | 68 | 68 |
| Bewaffnung | 1 Kanone 120-mm-L/44<br>1 Blenden-MG 7,62 mm x 51<br>1 Fla-MG 7,62 mm x 51<br>Nebelmittelwurfanlage | 1 Kanone 120-mm-L/44<br>1 Blenden-MG 7,62 mm x 51<br>1 Fla-MG 7,62 mm x 51<br>Mehrfachwurfanlage | 1 Kanone 120-mm-L/55<br>1 Blenden-MG 7,62 mm x 51<br>1 Fla-MG 7,62 mm x 51<br>Mehrfachwurfanlage |
| Besatzung | 4 | 4 | 4 |

1) Länge mit Kanone in Stellung 12 Uhr

Als Ersatz für die durch das Heer der kanadischen Armee zur Verfügung gestellten 20 KPz Leopard 2 A6M wird Kanada von der niederländischen Armee gekaufte KPz Leopard 2 A6 NLD an Deutschland zurückgeben. Diese KPz werden durch die Fa. KMW zunächst auf den Serienstand des deutschen A6M umgerüstet. Da diese Umrüstung mit nicht unerheblichem Aufwand (Demontage, Schweißarbeiten, etc.) verbunden ist, hat man sich auf deutscher Seite, in Abstimmung mit der kanadischen Seite, entschlossen, die folgenden Rüstungsprojekte zusätzlich zu realisieren:

- Austauschbare Schutzmodule und Slat-Gitter,
- die Energieversorgungs- und Kampfraumkühlanlage (EKKA),
- das Integrierte Führungs- und Informationssystem IFIS und

weitere kleinere Maßnahmen (z. B. Außenbordsprechstelle).

Eine neue, temperierbare High-Explosive (HE)-Munition DM11 wird die bisherige Mehrzweckmunition ablösen. Mit der HE-Systemanpassung und der DM11-Patrone kann der KPz weiche bzw. halbharte Ziele – selbst in bzw. hinter Deckungen – bis zu einer Entfernung von 5.000 m bekämpfen. Im Gegensatz zu anderen HE-Munitionssorten kann bei der DM11 die Zündereinstellung bei geladener Patrone geändert werden.

Hinter der EKKA verbergen sich ein Zusatzstromaggregat (APU) in der rechten, hinteren Wannenschulter und eine Kampfraumkühlanlage am Turmheck. Anstelle der bisher international verbauten APU mit 7,5 kW (Dänemark, Griechenland, Singapur) wird eine neue wassergekühlte 17-kW-Anlage zum Einsatz kommen. Diese neue Version erhält die Bezeichnung **Leopard 2 A7**.

Ob weitere A6M auf Stand A7 umgerüstet werden, steht noch nicht fest. Absicht ist es, zumindest die Logistik und Bedienung der beiden Versionen anzugleichen.

Damit wurden ausgewählte Elemente zur Befähigung bei urbanen und internationalen Operationen (Wirkung, Kommunikation/Führung und. Durchhaltefähigkeit) umgesetzt. Die Entscheidung, diese Befähigung umfänglich zu realisieren (bezüglich Schutz, Sicht und Durchsetzungsfähigkeit), steht aus und würde konsequenterweise zum Leopard 2A8 führen.

**Kampfpanzer Leopard 2 A7 mit Seitenschürzen aus schweren- (vorne) und leichten Kettenblenden. Der Turm hat in den seitlichen hinteren Bereichen jeweils einen Staukorb bekommen, davor die geänderte Anordnung der Mehrfachwurfanlage. Unterhalb der MWA, auf der Wanne, das auf beiden Seiten befindliche Auslassgräting für die Triebraumentlüftung. Weiter nach hinten die Klappe zur Wartungsöffnung der Energieerzeugungsanlage mit integrierter Wartungsöffnung für den Fremdanschlusskasten. Am Ende der Wanne das Klappgräting, zugleich Wartungsöffnung für den Kühler der Energieerzeugungsanlage. (97)**

Das neue Turmheck des Kampfpanzers Leopard 2 A7 mit dem seitlichen Staukorb, einer Halterung für standardisierte Wasserkanister und mit den großen Querrippen, die Kühlanlage, die den gesamten Kampf- und Elektronikraum kühlt. Links außen befindet sich die Halterung für die Rohrwischstangen. Am Wannenheck, unterhalb der Auslassgrätings ist die neue Außenbordsprechstelle zu erkennen. Seitlich die Lüftergrätings des Stromerzeugeraggregats (APU). (97)

Ansicht des Kampfpanzers mit Turm in 12-Uhr-Stellung. Vorne links auf dem Turm das Entfernungsmessgerät EMES 15 A2 mit WBG, daneben das FERO, dahinter der 12-Uhr-Winkelspiegel WISP des Kdt und dahinter das Rundblickperiskop PERI-R17 A2. (97)

Ansicht des Kampfpanzers Leopard 2 A7 von der linken Seite. Gut sichtbar die neue Anordnung der Mehrfachwurfanlage. (97)

Kampfpanzer Leopard 2 A7 mit zur Erprobung angebrachter Thermoschutzausstattung (Herstellerbezeichnung: Barracuda). Auch hier der Sonnenschirm, der Teil der Thermo-Schutz-Ausstattung ist. Auf der linken Turmzusatzpanzerung befindet sich das Darstellungsgerät Kanonenabschuss (DARKAS). (97)

## Kampfpanzer Leopard 2 A7

| **Bezeichnung** | **Kampfpanzer Leopard 2 A7** |
|---|---|
| Hersteller | **Krauss-Maffei Wegmann** |
| | 2014– |
| **Motor** | |
| | MTU MB 873 Ka 501 12-Zylinder-V-90°-Viertakt-Vorkammer-, Mehrstoff-Dieselmotor, Abgas-Turbo-Aufladung mit interner Ladeluftkühlung |
| Leistung kW(PS)/min-1 | 1100(1496)/2600 |
| Hubraum ($cm^3$) | 47.665 |
| **Getriebe** | |
| | Renk HSWL 354 Hydromechanisches Schalt-, Wende- und Lenkgetriebe, halb- und vollautomatisch schaltbar mit kombinierter hydrodynamisch-mechanischer Betriebsbremse. 4 Vorwärts-, 2 Rückwärtsgänge |
| **Allgemeine Daten** | |
| Gesamtmaße (L x B x H) 1) (mm) | 10.970 x 3760 x 3365 2) (Höhe PERI R 17 A3) (Höhe OK Lafette 2990) |
| Auflagelänge der Kette (mm) | 4950 (links) / 4920 (rechts) |
| Spurweite (mm) | 2785 |
| Kettenbreite (mm) | 635 |
| Bodenfreiheit mit Minenschutzmodul (mm) | 480 v / 410 h |
| Wattiefe (mm) | 1200 |
| Tiefwatfähig (mit Tiefwatschacht) (mm) | 2250 |
| UF-Fähigkeit (mm) | 4000 |
| Leergewicht mit Minenschutzmodul (mm) | 63.520 |
| Gefechtsgewicht (kg) | 64.500 |
| Höchstgeschwindigkeit (Str.) (km/h) | 70 |
| Bewaffnung | 1 Kanone 120-mm-L/55 1 Blenden-MG 7,62 mm x 51 1 Fla-MG 7,62 mm x 51 Mehrfachwurfanlage |
| Besatzung | 4 |

1) Länge mit Kanone in Stellung 12 Uhr 2) Mit RKL Gelb

An Fahrzeugvarianten des KPz Leopard 2 wurden eingeführt: **Bergepanzer 3 Büffel**, ein gepanzertes Vollkettenfahrzeug, bei dem Antriebs- und Laufwerkskomponenten des KPz Leopard 2 Verwendung finden. Das Fahrzeug ist mit einem um 270° schwenkbaren Kranausleger und einem Räumschild ausgestattet. Die Baugruppen der Haupt- und Hilfswinde sind im Bereich des Kampfraumes untergebracht. Das am Bug befindliche Räumschild erlaubt im Zusammenwirken mit einer Schnellbergeeinrichtung die Bergung von Schadfahrzeugen unter Panzerschutz. Die Hauptaufgaben des BPz 3 Büffel sind:

- Bergen von Kettenfahrzeugen bis MLC 60 (ca. 55 t) im schweren Gelände und aus Gewässern.
- Abschleppen von schweren Kettenfahrzeugen im Gelände und auf Straßen.
- Sichern von Kettenfahrzeugen bei Gewässerdurchfahrten.
- Unterstützen bei Instandsetzungsarbeiten.

Im Zeitraum 1992–1994 wurden 75 Bergepanzer 3 beschafft. Eingesetzt wird der BPz 3 bei Panzer-, Panzerartillerie- und Logistikbataillonen sowie Pionierverbänden, die mit schwerem Gerät ausgestattet sind bzw. solches instandsetzen. US Bergepanzer M 88, die bis zur Auffüllung der Verbände mit BPz 3 hilfsweise die Bergelücke geschlossen hatten, wurden anschließend aus der Nutzung genommen.

Seit 2010 wurde ein BPz 3 Büffel in Afghanistan als Berge- und Abschubmittel für die dort im stationären Einsatz befindlichen PzH 2000 eingesetzt. Da das Fahrzeug immer häufiger auch außerhalb des Lagers genutzt wurde, musste man der Besatzung den gleichen Schutz wie z. B. dem des SPz Marder 1 A5 ermöglichen. Auch musste das Fahrzeug an die Einsatzbedingungen in Afghanistan, wie klimatische Bedingungen, Gefährdung durch IED, ballistische Flugkörper und Geschosse, technisch angepasst werden. Vorbild waren zwei an Kanada ausgeliehene BPz 3, die 2007 von der Firma RLS mit zusätzlichen Minen- und RPG-Schutz ausgestattet wurden. Auf den ersten Blick auffällig sind beim neuen **Bergepanzer 3 A1 Büffel** die passiven Schutzelemente, wie die Add-on Armour (AoA) Module und die Slat-Gitter um den Besatzungsraum. Die Unterwanne bekam wie beim KPz Leopard 2 A6M eine Minenschutzplatte und der Innenraum den »LINER«. Ein Notausstieg kann über die seitliche Einstiegsöffnung links im Bedienraum erfolgen. Das an der Einstiegsöffnung von außen montierte, ca. 480 kg schwere AoA-Schutzmodul, lässt sich im Notfall von innen und außen abwerfen. Die Betrachtung des Innenraums unter Minenschutzaspekten machte es auch erforderlich, dass wo notwendig Baugruppen und Halterungen geändert wurden. Von außen werden die Flächen des Besatzungsraumes durch Tarnmatten des Barracuda-Systems von Saab vor der intensiven Sonneneinstrahlung geschützt.

Als Folgemaßnahme wurde auch ein neues Verstaukonzept entwickelt. So entfiel die Konsole zum Mitführen eines Ersatztriebwerkes. Sie wurde durch einen Ausrüstungsträger ersetzt. Der Ausrüstungsträger dient der Aufnahme des Bergeschlittens, der Werkzeugboxen und diverser Ausrüstungsteile.

Vorausgesetzt, das zulässige Gesamtgewicht wird nicht überschritten, kann auch ein Ersatztriebwerk transportiert werden.

Die alte Gefechtsbergeeinrichtung ließ sich durch die Zusatzelemente am Bug nicht mehr nutzen. Durch die Anbringung der Gefechtsbergeeinrichtung am Heck, mit zusätzlichen Kameras, wurde der Besatzung eine Bergung unter Panzerschutz ermöglicht.

Auch die Position der Mehrfachwurfanlage musste neu angepasst werden, jedoch blieben die Anzahl der Wurfbecher sowie ihr erzeugender Fächer unverändert.

Drei **Bergepanzer 3 A1 Büffel** waren ab Oktober 2012 bis Anfang 2014 in Afghanistan im Einsatz, ein Fahrzeug blieb zur einsatzvorbereitenden Ausbildung im Heimatland.

**Bergepanzer 3 Büffel mit runtergelassenem Stützschild und aufgerichtetem Kranausleger. (40)**

Bergepanzer 3 Büffel mit Ersatztriebwerk auf dem Heck. (61)

Bergepanzer 3 Büffel mit am Räumschild angebrachter Bergevorrichtung. (61)

**Bergepanzer 3 A1 Büffel mit passiven Schutzelementen sowie Add-on Armour (AoA) Module und SLAT-Gitter (Käfigpanzerung) um den Besatzungsraum. (71)**

Bergepanzer 3 A1 Büffel in der Schrägansicht. Am Heck die neue Schnellbergeeinrichtung. Die Triebwerkkonsole wurde durch einen Ausrüstungsträger ersetzt, der den Bergeschlitten, die Werkzeugboxen und diverse Ausrüstungsteile aufnimmt. Das schmalere Schutzmodul vor dem Eisernen Kreuz lässt sich im Notfall von innen und außen abwerfen und dient als Notausstieg. (71)

Der zur Seite gedrehte Kranarm gibt die Ansicht auf das Motordeck des Bergepanzers 3 A1 Büffel mit dem neuen Verstaukonzept frei. (71)

## Bergepanzer 3 A0 Büffel, Bergepanzer 3 A1 Büffel

| Bezeichnung | Bergepanzer 3 A0 Büffel | Bergepanzer 3 A1 Büffel |
|---|---|---|
| Hersteller | **Krauss-Maffei MaK** | **Rheinmetall Landsysteme** |
| Baujahr(e) | 1992–1994 | 2012– |
| **Motor** | | |
| | MTU MB 873 Ka 501<br>12-Zylinder-V-90°-Viertakt-Vorkammer-, Mehrstoff-Dieselmotor,<br>Abgas-Turbo-Aufladung mit interner Ladeluftkühlung | |
| Leistung kW(PS)/min$^{-1}$ | 1100(1496)/2600 | |
| Hubraum (cm$^3$) | 47.600 | |
| Getriebe | | |
| | Renk HSWL 354 Hydromechanisches Schalt-, Wende- und Lenkgetriebe,<br>halb- und vollautomatisch schaltbar<br>mit kombinierter hydrodynamisch mechanischer Betriebsbremse.<br>4 Vorwärts-, 2 Rückwärtsgänge | |
| **Allgemeine Daten** | | |
| Gesamtmaße (L x B x H) (mm) | 9070 x 3540 x 2990 1) | 9504 x 4310 x 3001 1) |
| Auflagelänge der Kette (mm) | 4906(links) / 4924(rechts) | 4907(links) / 4922(rechts) |
| Spurweite (mm) | 2785 | 2785 |
| Kettenbreite (mm) | 635 | 635 |
| Bodenfreiheit (mm) | 510 | 460 |
| Wattiefe (mm) | 1200 | 1200 |
| Tiefwatfähig (mit Tiefwatschacht) (mm) | 2350 | 2350 |
| UF-Fähigkeit (mm) | 4000 | 4000 |
| Leergewicht (kg) | 55.000 | 63.210 |
| Gefechtsgewicht (kg) | 61.800 | 63.580 |
| Höchstgeschwindigkeit (Str.) (km/h) | 68 | 70 |
| Bewaffnung | 1 Fla-MG 7,62 mm x 51 Nebelmittel-wurfanlage | 1 Fla-MG 7,62 mm x 51 Nebelmittel-wurfanlage |
| Bergegerät | Kran 30 t von Vorderkante Stützschild<br>Seilwinde 34,3 t | Kran 30 t von Vorderkante Stützschild<br>Seilwinde 34,3 t |
| Räumschild (B x H) (mm) | 3420 x 880 | 4300 x 880 |
| Besatzung | 3 | 3 |

1) Höhe Oberlafette

**Fahrschulpanzer Leopard 2**, bestehend aus dem Fahrgestell des Kampfpanzers, auf dem eine Fahrschulkabine mit einer Kanonenattrappe aufgesetzt ist. Sie enthält alle für die Übersteuerung und Überwachung des Fahrschülers notwendigen Einrichtungen und hat Platz für drei Fahrschüler und den Fahrlehrer. Im Bestand sind 38 Fahrschulpanzer.

Das Projekt **Beobachtungspanzer Leopard 2** für die Artillerie auf Basis des KPz Leopard 2-Fahrgestells wurde nicht weiter verfolgt. Diese Aufgabe übernahm vorerst der Spähwagen (LGS) Fennek, bis mit dem neuen Schützenpanzer Puma die bessere Lösung eingeführt werden kann.

Seit 2002 befand sich die auf Leopard 2-Fahrgestell, zusammen mit den Niederlanden entwickelte **Panzerschnellbrücke 2 (PSB 2)** in Erprobung. Es handelte sich um ein Brückensystem mit je 9,7 m langen Brückenmodulen. Mit dem System konnten drei Brücken unterschiedlicher Länge verlegt werden:

- 3 x 9,7 m.
- 1 x 9,7 m und 1 x 18,7 m.
- 1 x 27,7 m.

Die PSB 2 hatte zwei Mann Besatzung, bestehend aus dem Fahrer (Operator) und dem Kommandanten. Sie sollte in der Lage sein, die Brücken in 5, 7 und 10 min zu verlegen. Die Module waren 4 m breit, 0,65 m hoch und wogen jeweils ca. 5 t. Ausgelegt waren die Brücken für die Lastenklasse MLC 70 (Kettenfahrzeuge) und MLC 100 (Ausnahmelast für den Schwerlasttransport der Bundeswehr).

Die für 2007 geplante Einführung der PSB 2 kam nicht zustande, da die Vorgaben nach dem Lastenheft nicht erreicht wurden.
Seit 2009 erprobt die Bundeswehr das Brückensystem Leguan auf einem Fahrgestell des KPz Leopard 2 mit dem Ziel, ein Brückenverlegefahrzeug für gepanzerte Kettenfahrzeuge mit einer MLC 70 zu bekommen. Vorzeigbare Ergebnisse lassen aber noch auf sich warten. So können weiterhin die Kampfpanzer Leopard 2 A5-A7 nicht über eine von einem Brückenlegepanzer Biber verlegte tragbare Brücke fahren.

**Fahrschulpanzer Leopard 2 mit nachgerüsteter Klimaanlage. (84)**

**Erprobungsträger Panzerschnellbrücke 2 (PSB 2) im Bauzustand 2004. (19)**

Brückenlegepanzer Leopard 2 Leguan im Juni 2014 in Paris auf der Wehrtechnikmesse Eurosatory. (89)

Brückenlegepanzer Leopard 2 Leguan im April 2009 beim Verlegen einer 26-m-Brücke. (71)

# 3. Jagdpanzer Kanone und Rakete

## 3.1 Kanonenjagdpanzer 4-5 (KanJPz 4-5)

Ein Kanonenjagdpanzer auf dem Fahrgestell des HS 30 konnte nicht verwirklicht werden. Daher wurde die Planung auf Grundlage der neuen leichten Panzerfamilie mit Einheitsfahrgestell fortgesetzt. Den Auftrag für die Entwicklung dieser Fahrzeugfamilie erhielten Rheinstahl-Hanomag, Henschel und Mowag/Schweiz. Wegen grundlegender Probleme bei der Entwicklung des Schützenpanzerkonzepts konzentrierte man sich vorrangig auf die Entwicklung des Kanonenjagdpanzers.
Bereits im Februar 1960 erging ein Auftrag für zwölf Prototypen I und im Herbst 1960 für weitere 20 Prototypen II an Henschel und Rheinstahl-Hanomag. Nach abschließender Truppenerprobung im Jahre 1965 entschied sich die Bundeswehr für die Rheinstahl-Hanomag-Version. Der Auftrag zur Serienfertigung des **Kanonenjagdpanzers 4-5** wurde beiden Firmen erteilt. 1965–1967 fertigten Henschel und Rheinstahl-Hanomag je 375 KanJPz.

Seine besonderen Merkmale sind die fünf großen Laufräder an Drehstäben, drei Stützrollen und die schräge Fahrerfront mit etwas leicht nach rechts versetzter Kampfwagenkanone 90 mm L/40,4. Die verwendete 90-mm-Munition war mit der des mittleren Kampfpanzer M 47 und M 48 identisch. Die Kampfbeladung betrug 51 Schuss. Der Seitenrichtbereich betrug 15°, der Höhenrichtbereich -8° bis +15° und die mittlere Kampfentfernung 1500 m. Ein Koaximal-MG und ein Fla-MG auf der Kdt-Kuppel dienten der Nahverteidigung. Die Fahrzeuge wurden mit IR/Weißlicht-Zielscheinwerfer sowie IR-Ziel- und Fahroptik ausgerüstet. Die Wanne war eine geschweißte Panzerstahlkonstruktion. Der Kampfraum des tiefwat- und tauchfähigen Fahrzeuges lag vorn, Motor und Getriebe hinten.
Eingesetzt wurden die KanJPz 4-5 in den PzJgKp der Brigaden und in den PzJgZügen der PzGren-Btl. 1983 erfolgte die Umrüstung von 162 KanJPz zu RakJgPz 4/Jaguar 2 mit TOW. Weitere 486 KanJPz wurden bis 1988 zu BeobPz, bzw. BeobPz/FuePz umgerüstet.

**Kanonenjagdpanzer 4-5 mit auf der Kanonenblende aufgesetztem IR/Weißlichtscheinwerfer. (15)**

## 3.2 Raketenjagdpanzer 2 (RakJPz 2)

Auf Grundlage der mit dem Raketenjagdpanzer 1 (HS 30) (siehe Kapitel 1.4) gewonnenen Erkenntnisse entwickelten Thyssen-Henschel und Hanomag in den Jahren 1963–1965 den **Raketenjagdpanzer 2**. Die Grundlage bildete – wie beim Kanonenjagdpanzer 4-5 – die neue leichte Panzerfamilie mit Einheitsfahrgestell.

Der Kampfraum nahm das PARS SS 11 B1 mit seinen beiden hydraulisch ausfahrbaren Abschussanlagen und zwei automatischen Ladern auf. Die Raketenabschussanlage des HS 30 wurde, im Detail verbessert, im Wesentlichen übernommen. 14 drahtgelenkte SS 11 B1 gehörten zur Kampfbeladung.

Ihre Einsatzreichweite lag zwischen 500 und 3000 m. Die Lenkung erfolgte manuell vom Ladeschützen. Die Sekundärbewaffnung war ein Blenden- und ein Fla-MG, Kaliber 7,62 mm x 51.

Die Serienfertigung begann 1967–1969, insgesamt wurden 316 Fahrzeuge gebaut. Ihr Einsatz erfolgte in den PzJgKp der Pz- und PzGrenBrig sowie in den PzJgBtl der JgBrig. Von 1978–1982 erfolgte die Umrüstung der 316 RakJPz 2 auf das LFK-System HOT. Die neue Bezeichnung lautete: RakJPz 3 / Jaguar 1.

**Raketenjagdpanzer 2 mit LFK PARS SS 11. (06)**

**Gut sichtbar die Anordnung der beiden Gehäusedeckel für die Abschussanlage des LFK PARS SS 11. (15)**

## Kanonenjagdpanzer 4–5, Raketenjagdpanzer 2

| Bezeichnung | Kanonenjagdpanzer 4–5 | Raketenjagdpanzer 2 |
|---|---|---|
| Hersteller | **Rheinstahl-Hanomag** | **Rheinstahl-Hanomag** |
| | 1966–1967 | 1967–1968 |
| **Motor** | | |
| | MTU<br>MB 837 Aa 500<br>8-Zylinder-V-90°-Viertakt-Dieselmotor<br>mit Vorkammereinspritzung | MTU<br>MB 837 Aa 500<br>8-Zylinder-V-90°-Viertakt-Dieselmotor<br>mit Vorkammereinspritzung |
| Leistung kW(PS)/min$^{-1}$ | 368(500)/2200 | 368(500)/2200 |
| Hubraum (cm$^3$) | 29.900 | 29.900 |
| **Getriebe** | | |
| | Renk HSWL 123<br>Hydromechanisches Schalt-, Wende- und Lenkgetriebe mit halb- und vollautomatischer Schalteinrichtung<br>3 Vorwärts-, 3 Rückwärtsgänge | Renk HSWL 123<br>Hydromechanisches Schalt-, Wende- und Lenkgetriebe mit halb- und vollautomatischer Schalteinrichtung<br>3 Vorwärts-, 3 Rückwärtsgänge |
| **Allgemeine Daten** | | |
| Gesamtmaße (L x B x H) (mm) | 8750 x 2980 x 2085<br>(Länge Fahrzeug ohne Rohr 6238 mm) | 6430 x 2980 x 1980<br>(Höhe OK Rakete) |
| Auflagelänge der Kette (mm) | 3800 | 3800 |
| Spurweite (mm) | 2545 | 2545 |
| Kettenbreite (mm) | 450 | 450 |
| Bodenfreiheit (mm) | 430 | 430 |
| Wattiefe (mm) | 1500 | |
| Leergewicht (mm) | | |
| Gefechtsgewicht (kg) | 25.700 | 23.000 |
| Höchstgeschwindigkeit (Straße) (km/h) | 70 | 70 |
| Bewaffnung | 1 Kanone 90 mm L/40,4<br>1 Fla-MG 7,62 mm x 51<br>1 Blenden-MG 7,62 mm x 51<br>Nebelmittelwurfanlage | 2 x 7 PAL SS-11<br>1 Fla-MG 7,62 mm x 51<br>1 Blenden-MG 7,62 mm x 51<br>Nebelmittelwurfanlage |
| Besatzung | 4 | 4 |

## 3.3 Raketenjagdpanzer (RakJPz) 3 Jaguar 1

Bereits 1964/65 entstanden die ersten Konzeptstudien für einen RakJgPz 3 HOT als Nachfolgesystem des RakJgPz 2. Als Basisfahrzeuge für eine Umrüstlösung dienten die 316 Raketenjagdpanzer 2. Die Umrüstung erfolgte jedoch erst 1978–1982.

Das deutsch-französische Lenkwaffensystem HOT kann gegenüber der SS 11 B1 die Vorteile der günstigeren Einsatzreichweite sowie des leichteren Nachladens ins Feld führen. Die Waffenanlage besteht im Wesentlichen aus der Lenkeinrichtung in periskopischer Bauweise. Ausfahren und Nachladen erfolgen automatisch. Die Einzelschussanlage vom Typ K 3 S besitzt ein Trommelmagazin für acht HOT-Flugkörper. Zwölf weitere Flugkörper können im Fahrzeuginnenraum mitgeführt werden.

Eine Zusatzpanzerung im Bereich des Kampfraumes und der Laufwerksschürzen verstärken den passiven Schutz. Der **RakJPz Jaguar 1** ging an die PzJgKp der PzBrig. 1985 wurde der LFK HOT mit einem leistungsgesteigerten Gefechtskopf nachgerüstet.

1993–1995 erhielt der RakJPz eine zweite KWS. Insgesamt 157 Fahrzeuge bekamen eine neue Lenkeinrichtung, die neben der Tagesoptik und einem Goniometer auch ein leistungsfähiges Wärmebildgerät umfasste. Diese Fahrzeuge wurden als **RakJPz Jaguar 1 A3** bezeichnet.

Der voll nachtkampffähige RakJPz Jaguar 1 A3 war in den 6. Kompanien der PzGrenBtl/HVK bis 2004 noch in der Nutzung.

**Raketenjagdpanzer Jaguar 1 mit ausgefahrener Einzelschussanlage des LFK-System HOT. (18)**

## 3.4 Raketenjagdpanzer (RakJPz) Jaguar 2

Im Rahmen von Umrüstungsvorschlägen für den Kanonenjagdpanzer 4-5 schlug Thyssen-Henschel unter anderem eine Umrüstung auf das Panzerabwehrraketenystem TOW vor. Die kostengünstige Lösung sah die Adaption der Bodenanlage einschließlich Nachtsichtgerät AN/TAS 4 auf dem Fahrzeugdach vor. Mit dem Nachtsichtgerät (Wärmebild-, Ziel- und Beobachtungsgerät) ausgerüstet, ist der **RakJPz Jaguar 2** nachtkampffähig.

Ziel war die Schaffung einer mobilen, weit reichenden Panzerabwehrwaffe, bei der die Besatzung weitgehend unter Panzerschutz kämpfen kann.

Der Vorschlag wurde angenommen. Die Wannenhülle wurde durch den Verschluss der Lafettenöffnung und das Aufbringen eines neuen Dachbleches im Bereich des Kampfraumes angepasst. Der Kampfraum wurde frontal und an beiden Seiten mit Zusatzpanzerung und Kettenblenden, wie sie der RakJPz Jaguar 1 besitzt, nachgerüstet. Insgesamt können zwölf LFK mitgeführt werden.

Im Unterschied zum RakJPz Jaguar 1 können Abschuss und Lenkvorgang des LFK TOW aber nur bei geöffneten Dachluken des Kampfraumes erfolgen. Das Nachladen des Startgerätes erfolgt manuell.

Der ab 1989 beschaffte LFK TOW 2 zeichnet sich durch eine hohe Störfestigkeit sowie einen leistungsgesteigerten Gefechtskopf aus. Insgesamt wurden 165 Fahrzeuge von 1983 bis 1985 für die PzJgKp der PzGrenBrig sowie der HschBrig 56 umgerüstet. Die letzten RakJPz Jaguar 2 sind 1999 aus dem Bestand genommen worden.

**Raketenjagdpanzer Jaguar 1, Draufsicht. (15)**

Raketenjagdpanzer Jaguar 1 A3 mit ausgefahrenem LFK und dem mit Lenkeinrichtung integriertem WBG. (71)

Raketenjagdpanzer Jaguar 2 mit LFK TOW 2. (61)

**Raketenjagdpanzer Jaguar 1 und Jaguar 2**

| Bezeichnung | Raketenjagdpanzer Jaguar 1 | Raketenjagdpanzer Jaguar 2 |
|---|---|---|
| Hersteller | **Thyssen-Henschel**<br><br>1. Umrüstung 1978–1982<br>2. Umrüstung 1993–1995 | **Thyssen-Henschel**<br><br>Umrüstung 1983–1985 |
| **Motor** | | |
| | MTU<br>MB 837 Aa 500<br>8-Zylinder-V-90°-Viertakt-Dieselmotor<br>mit Vorkammereinspritzung | MTU<br>MB 837 Aa 500<br>8-Zylinder-V-90°-Viertakt-Dieselmotor<br>mit Vorkammereinspritzung |
| Leistung kW(PS)/min$^{-1}$ | 368(500)/2200 | 368(500)/2200 |
| Hubraum (cm$^3$) | 29.900 | 29.900 |
| **Getriebe** | | |
| | Renk HSWL 123<br>Hydromechanisches Schalt-, Wende- und Lenkgetriebe mit halb- und vollautomatischer Schalteinrichtung<br>3 Vorwärts-, 3 Rückwärtsgänge | Renk HSWL 123<br>Hydromechanisches Schalt-, Wende- und Lenkgetriebe mit halb- und vollautomatischer Schalteinrichtung<br>3 Vorwärts-, 3 Rückwärtsgänge |
| **Allgemeine Daten** | | |
| Gesamtmaße (L x B x H) (mm) | 6610 x 3120 x 2555<br>(Höhe OK WBG) | 6610 x 3120 x 1980 |
| Auflagelänge der Kette (mm) | 3800 | 3800 |
| Spurweite (mm) | 2545 | 2545 |
| Kettenbreite (mm) | 450 | 450 |
| Bodenfreiheit (mm) | 410 | 430 |
| Wattiefe (mm) | 1200 [1]) | |
| Leergewicht (mm) | | |
| Gefechtsgewicht (kg) | 25.500 | 24.800 |
| Höchstgeschwindigkeit (Straße) (km/h) | 70 | 70 |
| Bewaffnung | 20 LFK HOT<br>1 Fla-MG 7,62 mm x 51<br>1 Blenden-MG 7,62 mm x 51<br>Nebelmittelwurfanlage | 14 LFK TOW<br>1 Fla-MG 7,62 mm x 51<br>Nebelmittelwurfanlage |
| Besatzung | 4 | 4 |

1) Tiefwatfähig mit Tauchschacht 1800 mm

## 3.5 Fahrschulpanzer Jaguar 1

Zu Fahrschulpanzern Jaguar umgerüstet wurden freigewordene Fahrgestelle des Raketenjagdpanzers 3 Jaguar 1. Nach Ausbau der kompletten Waffenanlage erhielten sie eine Fahrschuleinrichtung mit Wetterschutz für den Fahrlehrer. Die so ausgerüsteten Fahrzeuge konnten auf Dauer jedoch nicht bestehen. Hinzu kamen technische Probleme, die vermehrt zur zeitweiligen Sperrung der Fahrschulpanzer im öffentlichen Straßenverkehr führten.
Abhilfe wurde erst durch Umrüstung der Fahrschulpanzer mit einer neuen Fahrschulkabine und einer verbesserten Fahrschuleinrichtung geschaffen. Da die bewährte Fahrschulkabine des Fahrschulpanzers KPz Leopard 1 nicht auf das Fahrgestell passte, wurde die gleichfalls von der Fahrschulkabine des KPz Leopard 1 abgeleitete Fahrschulkabine des SPz Marder 1 übernommen.
Mit dem Fahrschulpanzer Jaguar 1 wurden Militärkraftfahrer für die Raketenjagdpanzer Jaguar und für den Beobachtungs- und Führungspanzer ausgebildet. Sechs Fahrschulpanzer wurden 1997 von der Bundeswehr beschafft.

1. Ausführung Fahrschulpanzer Jaguar auf Fahrgestell Kanonenjagdpanzer 4-5. (50)

2. Ausführung Fahrschulpanzer Jaguar auf Fahrgestell Raketenjagdpanzer Jaguar 1/2 mit abgeänderter Fahrschulkabine des KPz Leopard 1. (37)

# 4. Selbstfahrlafetten und Panzerhaubitzen

## 4.1 Leichte Panzerhaubitze M 7 B2 (Priest)

1956 erhielt die Bundeswehr 127 gebrauchte **US-Panzerhaubitzen M 7 B2**. Die Fahrzeuge – Konstruktionsstand 1945 – rollten auf dem Fahrgestell des mittleren Kampfpanzers Sherman M 4 A3 mit aufgesetzter 105-mm-Feldhaubitze M 2 A1 L/24,5 daher. Der Seitenrichtbereich nach links betrug 15° und nach rechts 30°, die Rohrerhöhung reichte von -5° bis +65°. Die Kampfbeladung zählte 69 Schuss. Die Panzerhaubitze wurde auf Brigade- und Divisionsebene eingesetzt und 1960 durch die LePzH M 52 abgelöst.

**Leichte Panzerhaubitze M 7 B2 mit 105-mm-FH M2 und Fla-MG cal. .50 (12,7 mm x 99). (18)**

**Leichte Panzerhaubitze M 7 B2. (18)**

## Panzerhaubitze M 7 B2

| **Bezeichnung** | **Leichte Panzerhaubitze M 7 B2 (Priest)** |
|---|---|
| Hersteller | **Federal Maschine and Welder Company** |
| | 1956–1960 |
| **Motor** | |
| | Ford GAA<br>8-Zylinder-Reihe-Viertakt<br>Vergasermotor |
| Leistung kW(PS)/min$^{-1}$ | 372(506)/2800 1) |
| Hubraum (cm$^3$) | 18.000 |
| **Getriebe** | |
| | Cletrac-Lenkgetriebe<br>5-Gang Synchron |

1) Leistung in SAE, nach DIN ca. 15 bis 20% geringer

| **Allgemeine Daten** | |
|---|---|
| Gesamtmaße (L x B x H) (mm) | 6300 x 2840 x 2650 |
| Auflagelänge der Kette (mm) | 3721 |
| Spurweite (mm) | 2108 |
| Kettenbreite (mm) | 420 |
| Bodenfreiheit (mm) | 450 |
| Wattiefe (mm) | 920 |
| Leergewicht (mm) | 19.822 |
| Gefechtsgewicht (kg) | 22.970 |
| Höchstgeschwindigkeit (Straße) (km/h) | 42 |
| Bewaffnung | 105 mm FH M 2 A1 L/24,5<br>1 Fla-MG cal. .50<br>(12,7 mm x 99) |
| Besatzung | 7 |

## 4.2 Leichte Panzerhaubitze M 52

In den USA als Ersatz für die gepanzerte Selbstfahrlafette M 7 entwickelt, setzte die Bundeswehr die **leichte Panzerhaubitze M 52** 1957–1965 bei den PzArtBtl der PzBrig ein. Bei der Entwicklung wurde auf Laufwerks- und Antriebskomponenten der leichten Panzerfamilie M 41 zurückgegriffen. Im Unterschied zum leKPz M 41 wurde der Antrieb in den Vorderteil der Wanne verlegt und im rückwärtigen Teil die Waffe eingebaut. Die hinten liegende Umlenkrolle des Laufwerks wurde abgesenkt, um so eine größere Auflagelänge zu erreichen. Ein Hecksporn war nicht vorgesehen.

Die 105-mm-Haubitze M 49 ließ sich 120° (+/-60°) nach der Seite richten; die Rohrerhöhung reichte von -10° bis +65°. Zur Kampfbeladung von 102 Schuss kam ein MG cal. .50 (12,7 mm) zur Eigenverteidigung. Gefertigt wurde die LePzH von 1953 bis 1959 von Detroit Tank Arsenal. Abgelöst wurde die LePzH durch die mPzH M 109.

**Leichte Panzerhaubitze M 52 mit 105-mm-Haubitze M 49 und Fla-MG cal. .50 (12,7 mm x 99). (06)**

**Leichte Panzerhaubitze M 52. (01)**

## 4.3 Mittlere Panzerhaubitze M 44

Die Entwicklung einer neuen mittleren Panzerhaubitze war in den USA bereits 1947 angelaufen. Nach einer Reihe von Prototypen standardisierte die US-Armee 1953 das von den Detroit Tank Arsenals gebaute Fahrzeug als mittlere **Panzerhaubitze M 44**.
Wie bereits bei der LePzH M 52 wurde auf Laufwerks- und Antriebskomponenten der leichten Panzerfamilie M 41 mit vorn liegendem Antriebsaggregat und tief liegender Umlenkrolle zurückgegriffen. Ein abklappbarer Hecksporn nahm die Rückstoßkräfte auf. Die 155-mm-Haubitze L/23 M 45 befand sich in einem fest angeordneten und oben offenen Kampfraum. Die Seitenrichtung betrug 60° (+/-30°), die Rohrerhöhung -5° bis +65°. Die Kampfbeladung zählte 24 Schuss. Zur Eigenverteidigung dienten ein Fla-MG cal. .50 (12,7 mm x 99) und eine Bord-MPi cal. .45 (11,43 mm x 23).
Von 1958–1965 bei den BriPzArtBtl und DivPzArtRgt eingesetzt, wurde die mPzH M 44 schließlich durch die mittlere Panzerhaubitze M 109 abgelöst.

**Mittlere Panzerhaubitze M 44 mit 155-mm-Haubitze und Fla-MG cal. .50 (12,7 mm x 99). (01)**

**Heckansicht der mittleren Panzerhaubitze M 44. (01)**

## 4.4 Schwere Panzerhaubitze M 55

Aufgrund der guten Erfahrungen, die bei der Entwicklung der Panzerhaubitzen M 44 und M 52 mit Fahrgestellteilen der leichten Panzerfamilie M 41 gemacht wurden, griffen auch die Konstrukteure der schweren **Panzerhaubitze M 55** auf Fahrgestellteile aus der M 46/M 47-Kampfpanzerproduktion zurück. Beim Antrieb entschieden sie sich jedoch für den luftgekühlten Vergasermotor aus der fortschrittlicheren M 47/M 48-Kampfpanzerbaureihe. Die Pacific Car and Foundry Comp. verlegte nach dem bekannten Muster die Antriebsaggregate und die Antriebsräder nach vorne und senkte die Umlenkrolle ab, um die Kettenauflage zu vergrößern.

Besatzung und Bewaffnung waren in einem zum Teil drehbaren, oben geschlossenen Panzeraufbau untergebracht. Ein absenkbarer Erdsporn am Heck diente zur Minderung der Rückstoßkräfte. Ausgerüstet war die sPzH mit einer 203-mm-Haubitze L/25 M 47 in Lafette. Der Seitenrichtbereich betrug 60° (+/-30°), die Rohrerhöhung -5° bis +65°. Die Kampfbeladung umfasste zehn Schuss.

Von 1956–1966 waren die auch zum Verschießen von Atomgranaten geeigneten Geschütze in geringer Stückzahl bei den DivArtRgt eingesetzt.

**Schwere Panzerhaubitze M 55 mit 203-mm-Haubitze M 47 und Fla-MG .cal. .50 (12,7 mm x99). (18)**

Heckansicht der schweren Panzerhaubitze M 55. (01)

## Panzerhaubitze M 52, M 44, M 55

| Bezeichnung | Leichte Panzerhaubitze M 52 | Mittlere Panzerhaubitze M 44 | Schwere Panzerhaubitze M 55 |
|---|---|---|---|
| Hersteller | **Detroit Tank Arsenal** | **Detroit Tank Arsenal** | |
| | 1956–1965 | 1958–1965 | 1956–1966 |
| **Motor** | | | |
| | Continental Motor Corp. AOS-895-3 6-Zylinder-(Boxer) Vergasermotor | Continental Motor Corp. AOS-895-3 6-Zylinder-(Boxer) Vergasermotor | Continental Motor Corp. AV-1790-7B 12-Zylinder V-90° Vergasermotor |
| Leistung kW(PS)/min$^{-1}$ | 316(430)/2800 | 316(430)/2800 | 595(810)/2800 |
| Hubraum (cm$^3$) | 14.681 | 14.681 | 29.360 |
| **Getriebe** | | | |
| | Allison CD 850 Hydraulischer Drehmoment-Wandler + Planeten-, Schalt- und Lenkgetriebe 2 Vorwärts-, 1 Rückwärtsgang | Allison CD 850 Hydraulischer Drehmoment-Wandler + Planeten-, Schalt- und Lenkgetriebe 2 Vorwärts-, 1 Rückwärtsgang | Allison CD 850 Hydraulischer Drehmoment-Wandler + Planeten-, Schalt- und Lenkgetriebe 2 Vorwärts-, 1 Rückwärtsgang |
| **Allgemeine Daten** | | | |
| Gesamtmaße (L x B x H) (mm) | 5650 x 3150 x 3400 | 6030 x 3230 x 3150 | 7900 x 3600 x 3500 |
| Auflagelänge der Kette (mm) | 3790 | 3790 | 4674 |
| Spurweite (mm) | 2610 | 2610 | 2794 |
| Kettenbreite (mm) | 530 | 530 | 584 |
| Bodenfreiheit (mm) | 510 | 470 | 470 |
| Wattiefe (mm) | 1220 | 1070 | 1524 |
| Leergewicht (mm) | 22.589 | 26.308 | 40.824 |
| Gefechtsgewicht (kg) | 24.040 | 28.350 | 49.000 |
| Höchstgeschwindigkeit (Straße) (km/h) | 56 | 56 | 56 |
| Bewaffnung | 105-mm-Haub M 49 in Lafette M 85 1 Fla-MG cal. .50 12,7 mm x 99) | 155-mm-Haub L/23 M 45 in Lafette M 80 1 Fla-MG cal. .50 (12,7 mm x 99) | 203-mm-Haub L/25 M 47 in Lafette M 86 1 Fla-MG cal. .50 (12,7 mm x 99) |
| Besatzung | 5 | 5 | 6 |

## 4.5 Schwere Feldkanone 175 mm, Selbstfahrlafette M 107

Die 1956 von den US-Streitkräften aufgestellten Forderungen bezüglich einer neuen Baureihe von Artillerie-Selbstfahrlafetten auf Einheitslaufwerk beinhalteten u. a. Gewichtsverminderung, Erhöhung des Fahrbereichs, Verringerung der Abmessungen, geringerer Kraftstoffverbrauch und Lufttransportfähigkeit.
Die Pacific Car and Foundry Comp. erhielt 1958 den Entwicklungsauftrag und entwickelte drei Ausführungen auf dem gleichen Fahrgestell. Man entschied sich für die Versionen der **175-mm-Kanone M 107** und die **203-mm-Haubitze M 110**.
Der Antriebsblock der Selbstfahrlafette saß im Vorderteil des Fahrzeuges; die Antriebsräder lagen vorne und die Umlenkrolle wurde abgesenkt, um gleichzeitig die Auflagefläche der Kette zu vergrößern. Ein Erdsporn am Heck fing zusammen mit einer Federblockierung die enormen Rückstoßkräfte der 175-mm-L/60-Kanone auf.
Der Seitenrichtbereich betrug 60° (+/-30°), die Rohrerhöhung reichte von -2° bis +65°, die Kampfbeladung bestand nur aus zwei Schuss. Ein Nachteil war, dass kein ausreichender Panzerschutz für die Bedienung vorhanden war.
1964 beschaffte die Bundeswehr 150 Kanonen M 107, die 1985 durch Umrüstung auf die Konfiguration **M 110 A2** der 203-mm-Haubitze L/37 gebracht wurden. Eingesetzt wurden die Feldhaubitzen M 110 A2 in den DivFArtBtl bis 1979, danach wurden sie durch Feldhaubitzen 155-1 ersetzt und auf Korpsebene eingegliedert.

**Selbstfahrlafette M 107 mit US-Kette. Beeindruckend die Rohrlänge der schweren Feldkanone 175-mm-L/60. (18)**

## 4.6 Schwere Panzerhaubitze 203 mm, Selbstfahrlafette M 110

Der gleiche Entstehungsgang, der zur schweren Feldkanone 175 mm einschließlich der Geschützlafettierung geführt hatte, brachte die baugleiche **Selbstfahrlafette M 110** mit ihrer 203-mm-L/25-Haubitze hervor. 1964 beschaffte die Bundeswehr 75 Selbstfahrlafetten.

Eine Kampfwertsteigerung fand 1985 statt und brachte die Selbstfahrlafette auf den Rüststand M 110 A2 (Langes Rohr). Die SFL M 110 erhielt dabei wie die SFL M 107 das neue Rohr der Haubitze 203 mm L/37 mit Zweikammermündungsbremse von Rheinmetall.

Die bis dahin offene Lafette der Fahrzeuge wurde nach US-Vorbild mit einem Wetterschutzaufbau aus Segeltuch nachgerüstet. Durch Einbau eines DEA fand eine Integration des Geschützes im IFAB-System statt.

Der Einsatz erfolgte auf der Korps- und DivEbene.

150 SFL M 107 und 75 SFL M 110 wurden zu SFL M 110 A2 umgerüstet. 1993 nahm die Bundeswehr ihre 230 Selbstfahrlafetten aus der Nutzung und verzichtete damit auch auf ihr bis dahin stärkstes Artilleriekaliber.

**Selbstfahrlafette M 110 in Marschlage (18)**

Selbstfahrlafette M 110 mit schwerer Panzerhaubitze 203-mm-L/25 in Feuerstellung. (06)

Selbstfahrlafette M 110 A2 mit neuem Rohr 203-mm-L/37. Es handelte sich um das größte und wohl auch wirkungsvollste Rohrkaliber der Bundeswehr. (15)

Selbstfahrlafette M 110 A2 mit Wetterschutz in Feuerstellung. (01)

## Selbstfahrlafette M 107 und M 110

| **Bezeichnung** | **Schwere Feldkanone 175 mm Selbstfahrlafette M 107, Schwere Haubitze 203 mm Selbstfahrlafette M 110** | **Schwere Haubitze 203 mm Selbstfahrlafette M 110 A2** |
|---|---|---|
| Hersteller | **Food Machinery Corp. Bowen-Mc Lauglin York Pacific Car and Foundry Comp.** | **Food Machinery Corp. Bowen-Mc Lauglin York** |
| | 1964–1985, danach Umrüstung auf M 110 A2 | 1985–1993 |
| **Motor** | | |
| | Detroit Diesel Allison Division of GMC 8 V 71 T 8-Zyl.-V-60° Viertakt-Dieselmotor mit Abgasturbolader und Direkteinspritzung | Detroit Diesel Allison Division of GMC 8 V 71 T 8-Zyl.-V-60° Viertakt-Dieselmotor mit Abgasturbolader und Direkteinspritzung |
| Leistung kW(PS)/min$^{-1}$ | 262(356)/2300 | 262(356)/2300 |
| Hubraum (cm$^3$) | 9298 | 9298 |
| **Getriebe** | | |
| | Allison Division GMC XTG-411-2 A Doppelausgleich-, Schalt- und Lenkgetriebe mit Wandler 4 Vorwärts-, 2 Rückwärtsgänge | Allison Division GMC XTG-411-2 A Doppelausgleich-, Schalt- und Lenkgetriebe mit Wandler 4 Vorwärts-, 2 Rückwärtsgänge |
| **Allgemeine Daten** | | |
| Gesamtmaße (L x B x H) 1) (mm) | M 107: 11.300 x 3150 x 3480<br>M 110: 7480 x 3150 x 2940 | 10.705 x 3150 x 3650 |
| Auflagelänge der Kette (mm) | 3800 | 3800 |
| Spurweite (mm) | 2690 | 2690 |
| Kettenbreite (mm) | 380 | 380 |
| Bodenfreiheit (mm) | 450 | 395 |
| Wattiefe (mm) | 1060 | 1070 |
| Leergewicht (mm) | | 27.780 |
| Gefechtsgewicht (kg) | M 107: 28.800<br>M 110: 26.500 | 28.350 |
| Höchstgeschwindigkeit (Straße) (km/h) | 55 | 30 |
| Bewaffnung | M 107: 175-mm-Kanone L/60<br>M 110: 203-mm-Haubitze L/25 | 203-mm-Haubitze L/37 |
| Besatzung | 5–8 | 5–8 |

1) Länge mit Rohr

## 4.7 Panzerhaubitze M 109

Die Entwicklung der **mittleren Panzerhaubitze M 109** begann 1953, als die US-Streitkräfte ein Entwicklungsprogramm für ein Artilleriefahrzeug mit Leichtmetallpanzerung und vorne liegendem Dieselmotor in die Wege leiteten.
Daraus entstanden die Panzerhaubitzen M 108 mit 105-mm- und M 109 mit 155-mm-Bewaffnung. Die Wanne rollt auf sieben Laufrollen; angetrieben durch ein vorne liegendes Aggregat. Ein voll geschlossener und gepanzerter Kampfraum schützt die Besatzung.
Die Bundeswehr beschaffte 1964/65 und 1972/73 insgesamt 586 Panzerhaubitzen M 109 G. Vor Auslieferung an die Truppe rüstete man die Fahrzeuge auf deutschen Standard um. Außer den obligatorischen Einrüstungen der StVZO-Maßnahmen wurden Ziel- und Richteinrichtungen verbessert und als Sekundärbewaffnung eine Nebelmittelwurfanlage eingebaut. Die Waffe erhielt von Rheinmetall einen neuen Verschluss und eine neu konzipierte Mündungsbremse. Die Schussweite der Panzerhaubitzen steigerte sich um 3800 m auf 18.500 m. Das Gefechtsgewicht erhöhte sich auf 24.400 kg. Der Seitenrichtbereich betrug 360°, die Rohrerhöhung -5° bis +75°. Kampfbeladung 28 Schuss. Die Fahrzeuge erhielten die Bezeichnung **Panzerhaubitze M 109 G** und lösten die mPzH M 52 bei den PzArt-Verbänden ab.
Eine 1967 geforderte Leistungssteigerung der Artillerie der NATO-Staaten führte in den USA zur Weiterentwicklung der Panzerhaubitze M 109. Durch Verlängerung des Rohres und Verwendung neuer Munitionsarten konnte die Schussweite erhöht werden. Die US-Armee rüstete alle ihre Panzerhaubitzen auf den Standard M 109 A3 um.
Nach Lösung der Logistik, Sicherstellung der »Verträglich-

**Panzerhaubitze M 109 G mit 155-mm-L/23-Geschütz. (01)**

keit« der neuen 155-mm-Munitionsfamilie, Erhöhung der Schussweite und weiteren Änderungen, die aus logistischen Gründen an Baugruppen vorgenommen werden mussten, vergab das BWB in den 80er-Jahren einen Auftrag an Rheinmetall. Die PzH M 109 G erhielt nun das um 2452 mm längere Rohr der Feldhaubitze 70 (jetzt FH 155-1). Mit der (zu Friedenszeiten verbotenen) 8. Ladung steigerte sich die Schussweite auf 24.700 m; mit reichweitengesteigerter Munition gar bis auf 30.000 m. Die Kampfbeladung besteht nunmehr aus 34 Schuss. Ein weiteres äußeres Zeichen der Umrüstung ist die ballistische Haube, die das Rundblickperiskop schützt.

1986–1991 wurden alle Panzerhaubitzen auf den Stand **M 109 A3 GE A1** gebracht. Sie entsprachen damit dem letzten Stand der US-Ausführung.

In den 90er-Jahren begann die Bundeswehr mit den Planungen zur Nutzungsdauerverlängerung für die bis nach 2005 in Dienst befindlichen Panzerhaubitzen M 109 A3 GE A1. Darunter fiel die Einrüstung eines zusätzlichen SEA, Einbau einer Ladeerhaltungssteckdose, Wegfall der Hecksporne, eine verbesserte Munitionshandhabung durch Aufmunitionierhilfen für den Transport der Geschosse in den Kampfraum, neue Stauplätze für Munition und Treibladungen, elektronisch gesteuerte Hubhilfe, Ansetzen der Geschosse und zusätzlicher Stauraum an Turmfront, Turmheck und Wannenheck.

1997 wurde der NDV die Einführungsgenehmigung erteilt. Verknappung der Haushaltsmittel führten dazu, dass erst am 1. Februar 2000 die erste von 262 **Panzerhaubitzen M 109 A3 GE A2** der Truppe übergeben wurde. Die gesamte Umrüstung war 2001 abgeschlossen.

Die Ausstattung mit Datenfunk ermöglichte es der PzH, im

**Panzerhaubitze M 109 G, Heckansicht. (01)**

System IFAB (Integrierte Feuerleitmittel Artilleriebatterie) mit der Feuerleitstelle, dem Feuerunterstützungsoffizier (FUO) und dem Vorgeschobenen Beobachter (VB) Daten auszutauschen. Über eine Schnittstelle war das System IFAB mit dem DV-gestützten Artillerieführungs- und Waffeneinsatzsystem ADLER (Artillerie-Daten, Lage- und Einsatz-Rechnerverbund) verbunden.

Eingesetzt wurde die PzH bei den Brigadeartilleriebataillonen und den Beobachtungs-Panzerartillerie-Bataillonen der Divisions-Artillerieregimenter. Ein Teil der Panzerhaubitzen wurde durch die Panzerhaubitze 2000 abgelöst.

Zur Kraftfahrerausbildung für die Panzerhaubitze stand der **Fahrschulpanzer M 109 A3 GE A1** zur Verfügung. Bei der Umgestaltung wurde, wie auch bei anderen Fahrschulpanzern, auf die bereits bewährte Kabine des Fahrschulpanzers KPz Leopard 1 zurückgegriffen. An den Bedürfnissen der Panzerhaubitze M 109 orientiert, wurde der Gewichtsring auf 7 t reduziert und eine Rohratrappe angebaut. Die Beeinflussung der Lenkung, Bremse und Feststellbremse durch den Fahrlehrer war möglich. Eine Getriebeübersteuerung fand nicht statt. Die Kabine bot Platz für zwei Schüler und einen Fahrlehrer.

Mit dem letzten Schuss am 14. Mai 2007 durch das Gebirgsartilleriebataillon 225, auf dem Gebirgsübungsplatz »Seetaler Alpen« in Österreich, wurden die letzten Panzerhaubitzen M 109 A3 GE A2 in der Bundeswehr aus der Nutzung genommen.

**Panzerhaubitze M 109 A3 GE A1 nach erfolgter Umrüstung auf das 155-mm-L/38-Rohr (modifiziert FH 155-1/PzH 155-1). (06)**

**Panzerhaubitze M 109 A3 GE A1 noch mit den von 1996–1997 abgerüsteten Heckspornen. Durch den Fortfall der Hecksporne wurde die Reaktionszeit der PzH in der Feuerstellung verbessert. Auch war sie eine Baugruppe mit relativ hoher Schadenshäufigkeit. (06)**

**Panzerhaubitze M 109 A3 GE A2 mit KuKa-Rüstsatz NDV. (01)**

**Panzerhaubitze M 109 A3 GE A2, Heckansicht. (69)**

Fahrschulpanzer M 109, Ausführung 1975. Für den Schulpanzer wurden der Turm und die Haubitze entfernt und ein Gewichtsausgleich von ca. 3,8 t mit dem Drehkranz verschraubt. Für den weiteren Aufbau des Schulpanzers verwendete man Teile aus dem Geräteträger 10 t FAUN GT 8/15. Auf der Abbildung gut zuerkennen das Fahrerhaus-Oberteil des FAUN GT 8/15, bestehend aus Windschutzscheibe mit Rahmen, Seitenfenster und Klappverdeck mit Verdeckgestell, Plane und Rückwandteil. 25 Fahrzeuge wurden beschafft. (18)

Elf Fahrschulpanzer M 109 A3 GE A1, in der Ausführung mit abgeänderter Fahrschulkabine KPz Leopard 1 und Rohrattrappe, waren im Bestand. Für die Panzerhaubitze musste der Gewichtsring der Fahrschulkabine des KPz auf 7 t reduziert werden. (37)

## Panzerhaubitze M 109

| Bezeichnung | Mittlere Panzerhaubitze M 109 G | Mittlere Panzerhaubitze M 109 A3 GE A2 |
|---|---|---|
| Hersteller | Allison<br>Bowen-Mc Lauglin York<br>Cadillac<br>Chrysler | Chrysler<br>(Rheinmetall) |
| | 1964–1986 | 2000–2001 |
| **Motor** | | |
| | Detroit Diesel Allison Division of GMC<br>8 V 71 T 8-Zyl.-V-60°<br>Viertakt Dieselmotor mit Abgas-turbolader und Direkteinspritzung | Detroit Diesel Allison Division of GMC<br>8 V 71 T 8-Zyl.-V-60°<br>Viertakt Dieselmotor mit Abgas-turbolader und Direkteinspritzung |
| Leistung kW(PS)/min$^{-1}$ | 262(356)/2300 | 262(356)/2300 |
| Hubraum (cm$^3$) | 9298 | 9298 |
| **Getriebe** | | |
| | Allison Division GMC<br>XTG-411-2 A<br>Doppelausgleich- Schalt- und Lenkgetriebe mit Wandler<br>4 Vorwärts-, 2 Rückwärtsgänge | Allison Division GMC<br>XTG-411-2 A<br>Doppelausgleich- Schalt- und Lenkgetriebe mit Wandler<br>4 Vorwärts-, 2 Rückwärtsgänge |
| **Allgemeine Daten** | | |
| Gesamtmaße (L x B x H) [1] (mm) | 6610 x 3150 x 2700 | 9160 x 3176 x 3300 [2] |
| Auflagelänge der Kette (mm) | 3920 | 4015 |
| Spurweite (mm) | 2690 | 2776 |
| Kettenbreite (mm) | 380 | 400 |
| Bodenfreiheit (mm) | 460 | 400 |
| Wattiefe (mm) | 1070 | |
| Leergewicht (mm) | 19.732 | 23.940 |
| Gefechtsgewicht (kg) | 23.769 | 26.565 |
| Höchstgeschwindigkeit (Straße) (km/h) | 56 | 43 |
| Bewaffnung | 155-mm-Haubitze L/23<br>1 Fla-MG 7,62 mm x 51 | 155-mm-Haubitze L/38<br>1 Fla-MG 7,62 mm x 51 |
| Besatzung | 6 | 6 |

1) Länge mit Rohr 2) Höhe OK Periskophaube

## 4.8 Panzerhaubitze 2000

Als schwere Panzerhaubitze im Rahmen der KPz Leopard 1-Entwicklung geplant, führte der Entstehungsweg über die von Italien, Großbritannien und der Bundesrepublik Deutschland geschlossenen Regierungsvereinbarung zur Entwicklung einer gemeinsamen Panzerhaubitze 155-1.
Der Bau des ersten Prototyps begann 1973. Bei den Laufwerksteilen und Antriebskomponenten griff man auf das bewährte KPz Leopard 1 und Leopard 2 Bauprogramm zurück. Kampfraum und Fahrgestell wurden aus Leichtmetall gefertigt. Als Bewaffnung war eine 155-mm-Feldhaubitze 70 L/39 vorgesehen. Beim Bau der weiteren Prototypen wurden zwei Entwicklungsstufen (A und B) festgelegt. Mit der favorisierten Entwicklungsstufe B wurden 1982 die ersten Systemversuche vorgenommen, die technische Erprobung und die Truppenversuche sollten 1984 abgeschlossen sein. Kostensteigerungen, technische und andere Probleme brachten den Zeitplan jedoch stark in Verzug.
Geänderte Rahmenbedingungen und die sich bereits abzeichnende Änderung der Bedrohungslage ließen 1986 die drei Partnerländer das Projekt aufgeben, da sich keine für alle zufrieden stellende Lösung finden ließ.
Der von Deutschland beschlossene nationale Alleingang führte zu einer neuen taktischen Forderung an eine zukünftige Panzerhaubitze. Zwei Firmenkonsortien boten 1986 ihre Konzeptvorschläge an. Nachdem 1987 die taktische Forderung ihre Endfassung erhalten hatte, bekamen noch im No-

vember 1987 beide Firmenkonsortien den Entwicklungsauftrag für je zwei Prototypen **Panzerhaubitze 2000**.

Den Wettbewerb gewann 1990 das Konsortium Wegmann & Co. GmbH, Kassel (Entwicklung und Serie), Krupp MaK aus Kiel (Fahrgestell) und Rheinmetall (Waffenanlage). Als Bewaffnung ist eine 155-mm-L/52-Kanone in einem drehbaren Panzerturm angeordnet. Die Schussweite beträgt max. 30.000 m, mit reichweitengesteigerter Munition 40.000 m. Der Seitenrichtbereich umfasst 360°, die Rohrerhöhung -5° bis +65°. Das frontgetriebene Fahrgestell ist mit einem drehstabgefederten Stützrollenlaufwerk mit jeweils sieben Laufrollen, Linearstoßdämpfern und hydraulischen Endanschlägen pro Seite ausgerüstet. Der ballistische Schutz besteht aus geschweißtem Panzerstahl, kombiniert mit einer Strahlenschutzauskleidung.

Als Option ist ein adaptiver reaktiver Dachschutz vorgesehen, der ABC-Schutz wird über eine kollektive Belüftungsanlage geschaffen. Zum Sekundärschutz sind je vier übereinander angeordnete Nebelmittelwurfbecher und ein Fla-MG 3, Kal. 7,62 mm x 51 in Drehringlafette angeordnet. Die Kampfbeladung besteht aus 60 Geschossen und 288 Treibladungsmodulen (MTLS).

Mit der am 1. Juli 1998 erfolgten Übergabe der ersten Panzerhaubitze 2000 von der Herstellerfirma Wegmann an die Truppe fand ein 1987 erteilter Entwicklungsbeschluss sein vorläufiges Ende. Ende des Jahres 2002 ist mit der 185. PzH 2000 die Auslieferung abgeschlossen worden.

Die Verschlechterung der Sicherheitslage in Afghanistan machte es erforderlich, dass der Truppe mit der PzH 2000 ein angemessenes Wirkmittel mit weit reichender Waffenwirkung zur Verfügung gestellt wurde. Ihre Aufgabe sollte es sein, den Schutz der eigenen Truppe zu erhöhen und aus vorbereiteten Feuerstellungen den eigenen Kräften zusätzliche Handlungsoptionen zu ermöglichen.

**Panzerhaubitze 2000. (01)**

Zu den einsatzvorbereitenden Maßnahmen zählten u. a. die Montage des zunächst in einem Depot gelagerten reaktiven Dachschutzes, die Adaption eines externen Klimagerätes zur Kühlung der Treibladung und der Waffenelektronik und die Bereitstellung neuwertiger Ketten wegen der durch das hohe Gefechtsgewicht der Haubitze begründeten Laufleistungsbegrenzung der Kette auf 4.000 km.

Im 2. Quartal 2010 wurden drei PzH 2000 im Lufttransport mit der Antonow An-124 nach Mazar-e Sharif verbracht, der im Verlauf des Jahres noch zwei weitere PzH 2000 folgen sollten. Die seit 2010 in Afghanistan eingesetzten PzH 2000 A2 erhielten ab April 2012 eine »Mobile Multispektrale Tarnausstattung« (MMT). Neben den tarnerischen Aspekten der MMT wird auch die solare Aufheizung des Kampfraumes reduziert und somit eine Entlastung der Klimaanlage erreicht. Ende 2013 befanden sich noch zwei PzH 2000 A2 in Afghanistan.

In der neuen Struktur »Heer 2011« werden nur noch 89 Panzerhaubitzen 2000 im Bestand bleiben. Die Panzerhaubitze 2000 ersetzte die Selbstfahrlafette M 110, die Feldhaubitze 155-1 und die PzH M 109 A3 GE A1.

1999 wurden von der MaK drei **Fahrschulpanzer PzH 2000** gefertigt. Dazu wurde auf dem Fahrgestell der PzH eine nicht drehbare Fahrschulkabine mit Rohrattrappe gesetzt. Neben dem Fahrschüler, der in der Fahrzeugwanne sitzt, ist in der Kabine Platz für den Fahrlehrer, Prüfer bzw. andere Mitfahrer. Auf die Antriebsmaschine, Kraftübertragung, Lenkanlage und auf ein Übersteuern des Fahrschülers kann der Fahrlehrer jederzeit Einfluss nehmen. Das zulässige Gesamtgewicht des Fahrschulpanzers beträgt 55.800 kg.

**Panzerhaubitze 2000 in Feuerstellung. (01)**

Panzerhaubitze 2000 A1 in der Feuerstellung in Kunduz/Afghanistan mit dem adaptiven reaktiven Schutz gegen Hohlladungsbomblets auf dem Turm und teilweise auf dem Motordeck. Rechts sichtbar ein Zeltheizgerät für die Klimatisierung des Kampfraumes und zur Temperierung der Munition. (93)

Panzerhaubitze 2000 A2 in der Feuerstellung in Kunduz/Afghanistan. Ausgerüstet mit der »Mobilen Multispektralen Tarnausstattung«. (93)

Fahrschulfahrzeug Panzerhaubitze 2000 mit fester Fahrschulkabine und Rohrattrappe. (71)

Fahrschulfahrzeug Panzerhaubitze 2000. (71)

## Panzerhaubitze 2000, Mittlerer Artillerie-Raketenwerfer MARS

| **Bezeichnung** | **Panzerhaubitze 2000** | **Mittlerer Artillerie-Raketenwerfer MARS** |
|---|---|---|
| Hersteller | **KMW** | **EPG-München** |
| | 1998–2002 | 1990–1994 |
| **Motor** | | |
| | MTU<br>MT 881 Ka-500<br>8-Zylinder-V-90° Viertakt Diesel-Direkteinspritzung mit Abgas-, Turbo-Aufladung und interner Ladeluftkühlung | Cummins Engine Co. Inc.<br>VTA 903 T<br>8-Zylinder-V-90° Viertakt-Dieselmotor aufgeladen mit Ladeluftkühlung |
| Leistung kW(PS)/min$^{-1}$ | 736(1000)/2700 | 373(500)/2600 |
| Hubraum (cm$^3$) | 18.300 | 14.901 |
| **Getriebe** | | |
| | Renk HSWL 284 C<br>hydromechanisches Schalt-, Wende- und Lenkgetriebe | David Brown HMPT 500/3<br>handgeschaltetes hydraulisches Schalt-, Wende- und Lenkgetriebe<br>3 Vor-, 1 Rückwärtsgang |
| **Allgemeine Daten** | | |
| Gesamtmaße (L x B x H) (mm) | 11.669 x 3530 x 3433 | 7070 x 3100 x 2920 1) |
| Auflagelänge der Kette (mm) | 4908 | 4330 |
| Spurweite (mm) | 2820 | 2450 |
| Kettenbreite (mm) | 550 | 520 2) |
| Bodenfreiheit (mm) | 440 | 430 |
| Wattiefe (mm) | 1100<br>mit Vorbereitung 1500 | 1000 |
| Tiefwatfähig (mit Tiefwatschacht) (mm) | --- | --- |
| UF-Fähigkeit (mm) | --- | --- |
| Leergewicht (mm) | 51.500 | 21.230 |
| Gefechtsgewicht (kg) | 55.500 | 26.600 |
| Höchstgeschwindigkeit (Str.) (km/h) | 62 | 64 |
| Bewaffnung | 1 Kanone 155-mm-L/52<br>1 Fla-MG 7,62 mm x 51 auf Ringlafette<br>Nebelmittelwurfanlage | 2 Startbehälter mit je 6 Raketen |
| Munitionsarten | - k. A. - | Bombletraketen (M 77)<br>Minenraketen (AT 2) |
| Besatzung | 5 | 3 |

1) Höhe der Waffenanlage gezurrt, bei MARS LVB beträgt die Breite 3030 mm, Höhe Oberkante Handgriff (Reling) 2850 mm 2) Kettenbreite für MARS LVB 370 mm

## 4.9 Mittleres Artillerie-Raketensystem (MARS)

Das mittlere Artillerieraketensystem MARS stellt die europäische Lizenzfertigung des US-Mehrfachraketenwerfers M270 MLRS auf dem Basisfahrzeug des M993 Carrier Vehicle dar. Dieses nutzt Komponenten des Schützenpanzers M2/M3 Bradley IFV/CFV.

Die Bundeswehr beschaffte 154 Geräte im Zeitraum 1990–1994. Hersteller war die MLRS EPG (Europäische Produktionsgesellschaft) mbH München, ein Joint Venture von KMW, München (Werferendintegration), Diehl Stiftung, Nürnberg (Raketenintegration) und Thyssen Henschel Kassel (Basisfahrzeug).

Der Raketenwerfer MARS/MLRS diente als hochmobiles, schnellfeuerndes und ungelenktes Mehrfachraketensystem zur wirksamen Bekämpfung von weichen und halbharten Zielen mit Kleinbomben (Streubomben, Bomblets) und soll reaktionsschnell und zielbezogen Wurfminen verlegen.

Die Raketen befinden sich in zwei leicht gepanzerten und abgedichteten Abschussbehältern mit je sechs Abschussrohren. Ihre Lagerfähigkeit beträgt zehn Jahre. Zur optischen- und elektronischen Ausstattung zählen u. a. ein Feuerleitrechner, eine Fahrzeugnavigationsanlage und das Peripheriegerät ARES. Durch die hohe Beweglichkeit sind schnelle Stellungswechsel möglich. Die Verfügbarkeit ist bei Tag, Nacht und bei jedem Wetter gewährleistet. Die dreiköpfige Besatzung schützt eine Handfeuer- und ABC-Waffen-

**Mittleres Artillerieraketensystem MARS. (01)**

sichere Fahrer- und Bedienkabine mit klappbaren Stahlblenden vor den drei Ausblickfenstern.
1994 wurden die Werfer umgerüstet. Sie bekamen eine deutsche Gleiskette, Kettenschürzen mit Auftritten, einen oberen Haltegriff für den Werferführer, einen geänderten Abgasaustritt nach rechts oben und die Anbringung von vier Halterungen für Schneegreifer. Eingesetzt wurden die MARS/MLRS in fünf Raketenartilleriebataillonen der Divisionen. Jedes Bataillon hatte drei Batterien zu je acht Werfern.
Um auch den KRK diese Flächenfeuerwaffe nutzbar zu machen, wurden 1997/98 23 Fahrzeuge zum MARS/MLRS, luftverladbar (LVB) umgerüstet. Eine Schnelltrennvorrichtung ermöglicht die schnelle Trennung von Trägerfahrzeug und Waffenanlage. Äußerlich lassen sich die Fahrzeuge durch den Verzicht der Kettenschürzen, Anbringung von Auftritten am Fahrzeug links und rechts, Verwendung der deutschen Kette ohne Löffel an den Endverbindern (Kettentyp D 129 C 1.1), demontierbaren Fahrerhaustüren und Panzerstahl-Jalousien erkennen. Außerdem an einem einklappbaren Haltegriff für den Werferführer, Anbringung zusätzlicher Heißösen an der Waffenanlage und an einer Abschrägung seitlich an der Fahrerhauskabine. Diese und andere Baumaßnahmen stellten sicher, dass das Fahrzeug so leicht und schmal wie möglich für einen getrennten Transport im Transportflugzeug TRANSALL C-160 vorbereitet ist. 2003 wurde entschieden, das luftverladbare System ersatzlos abzuschaffen. Im April 2004 wurden die letzten MARS/MLRS luftverladbar aus der Nutzung genommen.

**Mittleres Artillerieraketensystem MARS, luftverladbar. (71)**

Fahrschulpanzer MARS mit Gewichtsattrappe in Pritschenform auf dem Fahrgestell montiert. Geänderte Kabinenfront. (37)

Durch Auflösung des Warschauer Vertrages und dem damit verbundenen Wegfall der unmittelbaren Bedrohung fand eine Veränderung des zu bekämpfenden Zielspektrums statt. Anstelle von großen Artilleriegruppierungen und Panzerarmeen führt jetzt der Weg hin zu kleinen, meist ungepanzerten Kräften, die sich wie in Afghanistan der Fall überwiegend im urbanen Gelände befinden. Diese Kräfte zu bekämpfen, setzt Fähigkeiten voraus, die nur durch eine präzise, abstandsfähige Munition zur Bekämpfung von weichen bis halbharten Punktzielen, mit einer Entfernung bis zu 85 km erreicht werden kann.

Diese Fähigkeiten werden durch die Artillerierakete GMLRS Unitary erreicht, die seit dem 6. April 2011 mit der Übergabe der ersten vier Raketenwerfer, jetzt als **MARS II** bezeichnet, ihren erfolgreichen Entwicklungsabschluss fand. In den Raketenwerfer flossen kampfwerterhaltende Maßnahmen wie ein neues Bordfeuerleitsystem, ein Werferrichtsystem und die Einführung der neuen Lenkraketen GMLRS Unitary (Bombletzünder mit Selbstzerleger) und GMLRS SMArt (Suchzündermunition Artillerie) gegen halbharte und harte Punktziele ein.

Mit Inkrafttreten des Oslo-Abkommens von August 2010 wird die Nutzung von Streumunition als Wirkmittel zur Bekämpfung von Flächenzielen geächtet. Damit entfiel für das mittlere Artillerieraketensystem MARS/MLRS die Bomblet-Rakete M77 mit 644 Hohlladungs-Bomblets als Flächenwaffe. Mit dem durchgeführten Kampfwertsteigerungsprogramm wird eine Nutzungsdauer bis mindestens 2025 erwartet.

Um mit den anderen Teilen des deutschen Heeres auf gleicher Höhe zu sein, wird ein nächster möglicher Schritt die Weiterentwicklung zur Anpassung an die weltweiten klimatischen Bedingungen, die Verbesserung der Möglichkeit zur Nahverteidigung und die Verbesserung des ballistischen- und des Minenschutzes sein. In der neuen Struktur werden nur noch 38 mittlere Artillerieraketensysteme MARS verfügbar sein, die in den Artilleriebataillonen eingesetzt sind.

Für die Fahrschulausbildung am Mehrfachraketenwerfer MARS/MLRS wurden 1990 vier Fahrzeuge mit Fahrschuleinrichtung Fahrschulpanzer MARS beschafft.

**Fahrschulpanzer MARS mit Gewichtsattrappe in Pritschenform. (37)**

# 5. Flugabwehrpanzer

## 5.1 Panzerflak M 16

Die **US-Panzerflak M 16**, als Erstausstattung 1956 beschafft, ist das einzige Halbkettenfahrzeug der Bundeswehr geblieben. Obwohl dieser Fahrzeugtyp in der deutschen Wehrmacht stark verbreitet war und sich im Krieg auf allen Schlachtfeldern und in allen Klimazonen bewährt hatte, wurde seine Weiterentwicklung nicht mehr betrieben.
Die Panzerflak M 16 wurde von 1942–1946 von der International Harvester Company gefertigt und zeigte noch die typische Rolle an der Stoßstange, die das Überqueren von Gräben unterstützen sollte.

Auf einer Lafette ist die mit einem Schutzschild versehene Vierlings-Flak cal. .50 (12,7 mm x 99) – eigentlich ein Vierlings-MG – aufgesetzt. Die oberen Seitenwände ließen sich im Unterschied zur US-Ausführung nicht abklappen, sondern waren durchgehend ausgeführt. Dies lässt darauf schließen, dass es sich hierbei um umgerüstete US-Schützenpanzer M 2 handelte. Die Panzerflak M 16 eignete sich sowohl zum Luftziel- als auch zum Erdzielbeschuss.
Abgerüstete Fahrzeuge wurden ohne Waffenanlage von der HFlaTr als Führungsfahrzeuge genutzt und später durch den SPz kurz (Hotchkiss) ersetzt.

**Halbkettenfahrzeug Panzerflak M 16 (US) mit auf einer Lafette und mit Schutzschild versehenen Vierlings-Flak cal. .50 (12,7 mm x 99). (05)**

**Abgerüstete Panzerflak M 16 (US) als Führungsfahrzeug der FlaTr. (05)**

## 5.2 Flakpanzer M 42

Zu den militärischen Entwicklungen, die durch die Erfahrungen im Korea-Krieg forciert wurden, gehörte auch der **Flakpanzer M 42**. 1953–1958 von der Cadillac Motor Car Division bzw. General Motor Corp. für die US-Streitkräfte gebaut, basierte der Flakpanzer wie der LeKPz M 41 auf der neuen gepanzerten Fahrzeugfamilie.

Als Hauptbewaffnung erhielt er die 40-mm-Zwillingskanone L 60 mit optischer Zielvorrichtung, die in ihrer Lafette M4E1 in einem nach oben offenen und um 360° schwenkbaren Drehturm ruht; Höhenrichtbereich -3° bis +85°. Jedes Rohr brachte es auf eine theoretische Feuergeschwindigkeit von 120 Schuss/min. Bedienung: 5 Mann. Die Kampfbeladung betrug 480 Schuss. Zur Selbstverteidigung diente anfangs ein Maschinengewehr, cal. .30 (7,62 mm x 63) M1919 A4. Die Abschlussausführung erhielt Kettenschürzen und ein Fla-MG 3, Kaliber 7,62 mm x 51.

Das Heer setzte von 1956–1979 insgesamt 496 Fahrzeuge bei den FlaBttr und FlaBtl auf Div- und Korpsebene ein. Die Ablösung erfolgte 1976–1980 durch den FlakPz 1 Gepard.

**Flakpanzer M 42 in Ursprungsausfertigung mit 40-mm-Zwillingsflak und MG cal. .30 (7,62 mm). (05)**

**Flakpanzer M 42 in Abschlussausführung mit (hochgeklappten) Kettenblenden, geänderten Fendern und MG-3. (05)**

## Panzerflak M 16 A1, Panzerflak M 42 A1

| **Bezeichnung** | **Panzerflak M 16 A1** | **Panzerflak 40 mm Zwilling M 42 A1** |
|---|---|---|
| Hersteller | **- k. A. -** | **Cadillac Motor Car Division General Motor Corp.** |
| | 1956 | 1956-1980 |
| **Motor** | | |
| | White 160 AX 6-Zyl. (Reihe) Viertakt-Ottomotor | Continental Motor Corp. Vergasermotor A0S 895-3 |
| Leistung kW(PS)/$min^{-1}$ | 95,6(130)/300 | 316(430)/2800 |
| Hubraum ($cm^3$) | 6327 | 14.681 |
| **Getriebe** | | |
| | 3 Vorwärts-, 1 Rückwärtsgang | Allison CD 500-3 Planeten-Schalt- und Lenkgetriebe 2 Vorwärts-, 1 Rückwärtsgang |
| **Allgemeine Daten** | | |
| Gesamtmaße (L x B x H) (mm) | 6400 x 1965 x 2505 [1)] | 5210 x 3260 x 2860 (Länge mit Rohr 5810 mm, Höhe bis oberer Rand Geschützschild) |
| Auflagelänge der Kette (mm) | 1181 | 3230 |
| Abstand Achse-Mitte Laufwerk | 3441,7 | --- |
| Bereifung | 8,25 x 20 | --- |
| Spurweite (mm) | 1620,8 | 2220 |
| Kettenbreite (mm) | 310 | 530 |
| Bodenfreiheit (mm) | 410 | 440 |
| Wattiefe (mm) | 810 | 1016 |
| Leergewicht (mm) | - k. A. - | - k. A. - |
| Gefechtsgewicht (kg) | 9815 | 21.700 |
| Höchstgeschwindigkeit (Straße) (km/h) | 72 | 65 |
| Bewaffnung | Vierlings-Fla. cal. 50 (12,7 mm x 99) | 40 mm Zwillingsflak L/60 1 Fla-MG cal. .50 (12,7 mm x 99) |
| Besatzung | 5 | 5 bis 6 |

1) Höhe Oberkannte Vierlings-Fla

## 5.3 Flugabwehr-Raketenpanzer 1 Roland

Der **Flugabwehr-Raketenpanzer 1 Roland** ist ein allwetterfähiges Lenkflugkörpersystem auf einem modifizierten Fahrgestell des SPz Marder.

Wie 1964 in einem Regierungsabkommen vereinbart, wurde der Flugkörper von der deutschen Fa. MBB und der französischen Fa. Aérospatiale entwickelt und 1971 erstmals im scharfen Schuss vorgestellt. 1973 gründeten beide Firmen die Tochterfirma Euromissile für die Weiterführung des Projektes. 1974 beschloss Frankreich die Einführung des Roland, 1975 erwarb Hughes Aircraft Corp. die Lizenznachbaurechte für die US-Streitkräfte.

Nach eingehender Erprobung von drei Truppenversuchsmustern erhielt Thyssen-Henschel den Auftrag zum Bau von 140 FlaRakPz 1 Roland. Am 15. Juni 1981 wurde das erste Serienfahrzeug dem Heer übergeben. Die Auslieferung der restlichen Fahrzeuge erfolgte im Zeitraum 1981–1983 an die Flugabwehrraketenbataillone der drei Korps. Diese Verbände wurden mit Erhalt des FlaRakPz 1 Roland zu Flugabwehrregimentern umgegliedert. Des Weiteren erhielten das Flugabwehrlehrbataillon sowie die Heeresflugabwehrschule den FlaRakPz 1 Roland.

Wie beim Schützenpanzer Marder befindet sich vorn rechts in der Wanne das Triebwerk mit den Baugruppen für die Kraftübertragung. Links davon sitzt der Kraftfahrer. Vor dem Kraftfahrer ist in der Wanne die Energieversorgungsanlage untergebracht. Im Kampfraum sind neben der Bedienungsmannschaft alle feuerleittechnischen Komponenten und Bedienungseinrichtungen für das Flugkörpersystem untergebracht. In der Mitte über dem Kampfraum sind das Suchradar, das Folgeradar und zwei schwenkbar gelagerte Werferarme an einem kleinen Drehturm angebracht. Zwei Magazine mit jeweils vier Flugkörpern zum Nachladen befinden sich links und rechts in der Wanne.

Die Bekämpfungsreichweite beträgt bei den entsprechenden LFK 6000 m bis 8000 m und ist bis zu einer Flughöhe von ca. 4000 m möglich. Der Erfassungsbereich des Such-/Folgeradar beträgt max. 16.000 m.

Im Unterschied zum FlakPz Gepard 1 A2 war der FlaRakPz Roland noch nicht digitalisiert und deshalb noch nicht in das System Flugabwehr integriert. Ein Truppenversuch mit einem FlaRakPz Roland NDV verlief bis 2003 erfolgreich, so dass die Realisierungsgenehmigung erteilt werden konnte. Zu diesem Zeitpunkt war das Heer noch von einer Nutzungszeit bis zum Jahre 2015 ausgegangen.

In der Struktur »Heer 2010« waren jedoch keine Roland-Verbände mehr vorgesehen. Im Zeitraum 2005–2007 wurden alle FlaRak-Bataillone des Heeres aufgelöst und das Waffensystem Roland aus der Nutzung genommen. Damit ging eine Ära eines bei allen drei Teilstreitkräften genutzten Waffensystems zu Ende.

**Flugabwehr-Raketenpanzer 1 Roland in Feuerbereitschaft. (05)**

**Flugabwehr-Raketenpanzer 1 Roland. (06A)**

## Flugabwehrraketenpanzer 1 Roland

| **Bezeichnung** | **Flugabwehrraketenpanzer 1 Roland** |
|---|---|
| Hersteller | **Thyssen-Henschel** |
| | 1981–1983 |
| **Motor** | |
| | MTU<br>MB 833 Ea-500<br>6-Zylinder-V-90°<br>Viertakt-Dieselmotor mit Vorkammereinspritzung |
| Leistung kW(PS)/min$^{-1}$ | 441(600)/2200 |
| Hubraum (cm$^3$) | 22.451 |
| **Getriebe** | |
| | Renk HSWL 194 Hydromechanisches Schalt-, Wende- und Lenkgetriebe mit halb- und vollautomatischer Schalteinrichtung<br>4 Vorwärts-,<br>4 Rückwärtsgänge |

| **Allgemeine Daten** | |
|---|---|
| Gesamtmaße (L x B x H) (mm) | 7130 x 3250 x 4630<br>(Höhe max. in Bekämpfungszustand)<br>(Höhe in Grundzustand: 2990) |
| Spurweite (mm) | 2620 |
| Auflagelänge der Kette (mm) | 3900 |
| Kettenbreite (mm) | 450 |
| Bodenfreiheit (mm) | 435 |
| Wattiefe (mm) | 1500 |
| Tiefwatfähig (mit Tiefwatschacht) (mm) | --- |
| UF-Fähigkeit (mm) | --- |
| Gefechtsgewicht (kg) | 35.000 |
| Höchstgeschwindigkeit (Str./Gel.) (km/h) | 60 |
| Bewaffnung | 1 FlaLFKSys Roland im Drehturm mit zwei Werferarmen<br>Munitionsbestand 10 LFK<br>Nebelmittelwurfanlage |
| Besatzung | 3 |

## 5.4 Leichtes Flugabwehrsystem Ozelot auf Trägerfahrzeug Wiesel 2

Die Bedeutung eines mobilen und leichten Luftabwehrsystems des Heeres stieg mit zunehmender Aussicht auf Einsätze bei Krisenreaktionskräften. Der Schutz leichter, luftbeweglicher auf sich gestellter Kampfgruppen ist nur durch leichte Flugabwehrkräfte mit hoher Mobilität möglich.

Als Träger für ein Aufklärungs-, Führungs- und Feuerleitfahrzeug (AFF), Flugabwehrraketenwaffenträger (FlaRakWaTrg) und der Batterieführung und Unterstützung (BF/UF) wurde der Waffenträger WIESEL 2 ausgewählt. Die drei Fahrzeugvarianten bilden ein geschlossenes Waffensystem für Aufklärung und Flugabwehr.

Aufgaben des AFF Wiesel 2:

- Führung des Zuges.
- Aufklärung.
- Feuerleitung und Zielzuweisung für die FlaRakWaTrg Ozelot.

Ausgerüstet ist das AFF Wiesel 2 mit einem bis zu 20 km auffassenden und einer Höhe bis zu 5 km aufklärenden und identifizierenden 3-D-Luftraumüberwachungsradar von Ericsson, Schweden. Sechs Funkgeräte, davon fünf SEM 93 halten alle notwendigen Verbindungen.

Aufgaben des FlaRakWaTrg Ozelot:

- Bekämpfung von Luftfahrzeugen bis zu einer Entfernung von 6 km und einer Höhe von bis zu 3,5 km.
- Bei autonomem Einsatz Luftraumüberwachung und Zielbekämpfung.

**Waffenträger LeFlaSys Ozelot auf Wiesel 2-Basisfahrgestell. Je zwei Flugkörper STINGER befinden sich in den Startbehältern des Startgeräts. (71)**

**Aufklärungs-, Führungs- und Feuerleitfahrzeug LeFlaSys mit 3-D-Luftraumüberwachungsradar von Ericsson. (71)**

Der FlaRakWaTrg Ozelot führt acht Flugkörper STINGER mit. Je zwei befinden sich seitlich am Startgerät, vier im Waffenträger. Die Sensorik besteht aus einem hochauflösenden Wärmebildgerät, einer TV-Kamera und einem Laserentfernungsmesser. Ergänzt wird die Ausstattung durch einen passiven Rundumsuchradar-Sensor IRST (Infrared Search and Track), der die Aufklärung von IR-Zielen ermöglicht. Das IRST kann auch abgesetzt vom Ozelot betrieben werden. Damit ist der Ozelot in der Lage, bei Tag und Nacht Luftfahrzeuge auf Entfernungen bis zu 20 km zu entdecken und zu verfolgen. Dies erfolgt so frühzeitig, dass Ziele auf die Höchstschussweite von 6 km bekämpft werden können.
Aufgaben des BF/UF Wiesel 2:

- Führung der Batterie, bildet den Gefechtsstand der Einheit und wahlweise auch die bewegliche Befehlsstelle.

Das BF/UF Wiesel 2 wurde mit dem Heeresführungs-Informationssystem (HEROS) für die rechnergestützte Operationsführung in Stäben ausgerüstet. Die Flugabwehrtruppe mit drei Batterien verfügte über 45 Waffenträger Ozelot. Davon wurden zwei Batterien mit je drei Zügen und insgesamt 30 Ozelot als Krisenreaktionskräfte bereitgehalten.
Zum Waffensystem gehört weiterhin das LeFlaSys Schnittstellenfahrzeug FAST (Flugabwehrschnittstelle Tiefflugbereich) auf Basis Mercedes Benz 290 GDT LL und die Werkstattausstattung auf gleichem Fahrgestell. Am 27. Juni 2001 wurde der Heeresflugabwehrschule in Rendsburg das erste leichte Flugabwehrsystem übergeben.
Im Jahr 2011 wurde entschieden, dass das LeFlaSys von der Luftwaffe übernommen wird. Im Jahr 2012 wurde es als eine Einheit der Flugabwehrgruppe (ab 2013 FlaRakGrp 61) aufgestellt. In der neuen Struktur wird nur noch mit 6 BF/UF und 20 FlaRakWaTrg geplant.

**Batterie-Führungs- und -Unterstützungsfahrzeug LeFlaSys. (71)**

# 6. Waffenträger

## 6.1 Waffenträger und Aufklärungsfahrzeug Wiesel 1

Für die Besatzungen der offenen und ungeschützten WaTrg LKW 0,75 t KraKa beschaffte die Bundeswehr 1977 ein kleines und gepanzertes Kettenfahrzeug. Es sollte, wie sein Vorgänger KraKa, schnell und leicht luftverlastbar sein und einen gewissen Schutz gegen Infanteriewaffen und Splitter von Artilleriemunition bieten. Geplant war ein leicht gepanzertes Vollkettenfahrzeug mit Frontantrieb, das eine Variante mit 20-mm-MK und eine mit PARS TOW im rückwärtigen Teil (Heck) des Fahrzeuges vorsah. Sechs Prototypen wurden gebaut. Aus Kostengründen wurde das Projekt 1979 eingestellt, jedoch 1984 wieder aufgenommen. MaK baute Prototypen des Waffenträgers Wiesel 1 in der Version mit 20-mm-MK sowie mit PzAbwLRak TOW. 1989 fiel die Entscheidung zur Serienfertigung. Von 1990–1992 beschaffte die Bundeswehr 210 Fahrzeuge der TOW-Version und 133 Fahrzeuge mit 20-mm-MK.

Im Februar 2002 wurde der erste WaTrg Wiesel 1 MK mit der Ergänzungsausstattung Nachtsichtmodul nachgerüstet. Die Nachrüstung stellt die Nachtsicht- und Nachtkampffähigkeit des Fahrzeuges sicher. In einem 1. Los erhielten 30 WaTrg Wiesel 1 MK das **Autonome Zielgerät (AOZ) 2000**.

Von Vorteil sind der unverzügliche Waffeneinsatz über das Wärmebildgerät und den Tagsichtkanal, ein vereinfachter Bedienablauf beim Schießen und die einfache Integration und hohe Zuverlässigkeit des Nachtsichtmoduls. Durch die Ergänzungsausstattung entspricht es den Forderungen der DSO (Division Spezielle Operationen). Bei Nacht und schlechter Sicht sind das Erkennen von Personen und Fahrzeugen bis zu einer Entfernung von 2500 m und eine Entfernungsmessung zwischen 50 und 3000 m gewährleistet.

Von 2008–2010 wurden weitere 24 WaTrg Wiesel 1 MK mit dem Führungsinformationssystem Heer (FülnfoSysH) und dem AOZ 2000 und 18 WaTrg Wiesel 1 MK mit dem FülnfoSysH und dem PERI Z 17 nachgerüstet. Im gleichen Zeitraum erfolgte auch die Nachrüstung von 31 Waffenträgern Wiesel 1 TOW mit dem FülnfoSysH.

2002 stellte Rheinmetall Landsysteme ein **Wiesel 1 Aufklärungsfahrzeug** der Öffentlichkeit vor. Das Fahrzeug sollte bei den Luftlandeverbänden der Bundeswehr eine Aufklärungslücke schließen.

Bei freigewordenen WaTrg Wiesel TOW wurde die Waffe ausgebaut und ein aus ergonomischen Gründen erhöhtes Fahrzeugdach aufgesetzt. Als Spähausrüstung dient das Gefechtsfeldbeobachtungssystem AOZ 2000 mit einem auf Hubmast befindlichen Sensorkopf und darin integriertem IR-Beobachtungssystem, LASER-Entfernungsmesser und einer Tageslichtkamera, sowie die Abbildende Luftgestützte Aufklärungsdrohne im Nächstbereich (Aladin) mit einer Einsatzdauer von ca. 30 min.

Der drei Mann Besatzung stehen zur Eigenverteidigung ein von innen richtbares MG 3 A1 (7,62 mm x 51) und drei Sturmgewehre G 36 zur Verfügung. Die Staukiste für die persönliche Ausrüstung der Soldaten auf dem Bug verleiht dem Fahrzeug ein charakteristisches Aussehen. 16 Wiesel 1 Aufklärungsfahrzeuge wurden beschafft.

2004 wurde die Beschaffung von 24 **Fahrschulpanzer Wiesel 1** abgeschlossen.

Mit einem Rüstsatz Fahrschule wurden von KMW Wiesel 1 TOW-Fahrzeuge für die Belange der Fahrschule umgerüstet. Eine adaptierte Kabine auf dem Dach des WaTrg Wiesel 1, bei dem die Waffenanlage TOW ausgebaut wurde, nimmt den Fahrlehrer und einen Beifahrer auf. Der Fahrschüler sitzt auf dem Platz des Militärkraftfahrers. Mit einer Übersteuerungseinrichtung kann der Fahrlehrer jederzeit eingreifen. Der Fahrschulpanzer Wiesel 1 ist in den Fahrschulkompanien des Heeres eingesetzt.

Mit dem Einbau der Ergänzungsausstattung AOZ 2000 wurden die Fahrzeuge wie folgt bezeichnet:

| |
|---|
| WaTrg Wiesel 1 A0 MK<br>WaTrg Wiesel 1 A1 TOW (MG) |
| WaTrg Wiesel 1 A1 MK (AOZ 2000)<br>WaTrg Wiesel 1 A2 TOW (FülnfoSysH) |
| WaTrg Wiesel 1 A2 MK (PERI Z 17)<br>WaTrg Wiesel 1 A3 TOW (FülnfoSysH) |
| WaTrg Wiesel 1 A3 MK (FülnfoSysH / AOZ 2000)<br>AufklFz Wiesel 1 |
| WaTrg Wiesel 1 A4 MK (FülnfoSysH/PERI Z 17)<br>Fahrschule Wiesel 1 |

Jeweils zwei WaTrg Wiesel 1 haben im Laderaum eines Transporthubschraubers CH-53 Platz oder lassen sich einzeln als Außenlast transportieren. Mit dem WaTrg Wiesel 1 sind die Fallschirmjägerbataillone und Luftlandepanzerabwehrkompanien ausgestattet. Dort haben sie 1990 den WaTrg LKW 0,75 t KraKa abgelöst. Eingesetzt werden die Fahrzeuge bei Patrouillenfahrten, für den Objektschutz, als Begleitschutz für Konvois und als Aufklärungsfahrzeuge.

Waffenträger Wiesel 1 mit MK 20 mm Rh 202. (06)

Waffenträger Wiesel 1 mit MK 20 mm und Ergänzungsausstattung Nachtsichtmodul. (40A)

Waffenträger Wiesel 1 mit PzAbwLFK System TOW 2. (61)

Luftlandeaufklärungsfahrzeug Wiesel 1 mit dem Gefechtsfeldbeobachtungssystem AOZ 2000. (40A)

Luftlandeaufklärungsfahrzeug Wiesel 1 mit AOZ 2000. (40A)

Fahrschulpanzer Wiesel 1 mit Dachklimaanlage auf umgerüsteten TOW-Fahrzeugen. (40A)

Fahrschulpanzer Wiesel 1 bei der Geländeausbildung. (62)

## Waffenträger Wiesel 1, bewegliche Befehlsstelle Wiesel 2

| Bezeichnung | Luftlande-Waffenträger Wiesel 1 | | BewBefSt Wiesel 2 |
|---|---|---|---|
| Hersteller | **MaK System GmbH Kiel** | | **Rheinmetall-Landsysteme** |
| | 1990–1992 | | 2005–2007 |
| **Motor** | | | |
| | Volkswagen 5-Zylinder-Viertakt-Diesel-Reihenmotor mit Abgasturbolader | | Volkswagen 4-Zylinder-Viertakt-Diesel-Reihenmotor mit Abgasturbolader |
| Leistung kW(PS)/$min^{-1}$ | 64(87)/4500 | | 81(110)/4500 |
| Hubraum ($cm^3$) | 1994 | | 1896 |
| **Getriebe** | | | |
| | ZF 3 HP-22 Hydromechanisches Planetengetriebe mit hydromechanischem Drehmomentenwandler 3 Vorwärts-, 1 Rückwärtsgang | | ZF 4 HP 240 Automatikgetriebe 4 Vorwärts-, 1 Rückwärtsgang |
| **Allgemeine Daten** | | | |
| | WaTrg TOW | WaTrg MK | |
| Gesamtmaße (L x B x H) (mm) | 3265 x 1820 x 1870 | 3545 x 1820 x 1792 | 4226 x 1852 x 2110 1) |
| Auflagelänge der Kette (mm) | 1825 | 1825 | 2427 |
| Spurweite (mm) | 1620 | 1620 | 1620 |
| Kettenbreite (mm) | 200 | 200 | 200 |
| Bodenfreiheit (mm) | 302 | 302 | 300 |
| Wattiefe (mm) | 500 | 500 | 500 |
| Leergewicht (mm) | 1927 | 1927 | |
| Gefechtsgewicht (kg) | 2687 | 2687 | 4100 2) |
| Höchstgeschwindigkeit (Straße) (km/h) | 80 | 80 | 70 |
| Bewaffnung | 5–8 PzAbwWa TOW 2 | 1 MK 20 mm | 1 Fla-MG 7,62 mm x 51 |
| Besatzung | 3 | 2 | 3 |

1) Länge über Heißösen, Breite über Zurrösen, Höhe über Kdt-MG 2) zul. Gesamtgewicht

## 6.2 Waffenträger, Führungs- und Transportkraftfahrzeug Wiesel 2

Um bei der Luftlandetruppe die Lücke im Bereich der Führung, im Nachschub von Munition und bei der Bergung von Verwundeten zu schließen, wurde in den 90er-Jahren das leicht gepanzerte luftverladbare (legeplvb) Führungs- und Transportkraftfahrzeug Wiesel 2 entwickelt. Von seinem Vorgänger dem Waffenträger Wiesel 1 unterscheidet es sich durch:

- Ein um eine Laufrolle verlängertes Laufwerk.
- Eine in Länge und Höhe vergrößerte Wanne gleicher Technologie und Konstruktion.
- Einen neuen Antrieb aus der zivilen PKW-Serienfertigung in Form eines Dieselmotors, der die Euro-Abgasnormen erfüllt.
- Ein von 2750 kg auf 4100 kg angehobenes zulässiges Gesamtgewicht.

Der Wiesel 2 zeichnet sich aus durch:

- Niedrige Silhouette.
- Guten ballistischen Schutz
- Extrem geringen spezifischen Bodendruck; dadurch hohe Mobilität bzw. Geländegängigkeit.
- Großes Nutzvolumen der Wanne.
- Hohe Nutzlast (1200 kg).
- Luftverladbarkeit im MTH CH-53.
- Nutzung der vorhandenen Logistik des Wiesel 1 für zahlreiche Baugruppen.

Für sanitätsdienstliche Hilfe, Bergung und fachgerechten Transport von Verwundeten sowie Beförderung von Sanitätsmaterial entwickelte die Firma Rheinmetall Landsysteme das Fahrzeug **Sanitätstrupp (SanTrp) Wiesel 2**. Die in der

Grundversion zusätzlich integrierte zweiteilige Tür im Fahrzeugheck ermöglicht eine schnelle Bergung. Die sanitätsdienstliche Unterstützung am Einsatzort ist durch zwei Mann Besatzung gegeben. Es können zwei sitzende sowie ein liegender Verwundeter transportiert und professionell versorgt werden.

Seit Mai 2003 wurden in einem ersten Los 20 SanTrp Wiesel 2 beschafft. In einem 2. Los wurden von 2008–2009 noch einmal 12 weitere Sanitätstrupp (SanTrp) Wiesel 2 beschafft, so dass der derzeitige Bestand 32 SanTrp Wiesel 2 beträgt.

Im April 2004 hat die Rheinmetall Landsysteme den Auftrag zur Lieferung von vier Fahrzeugen **Pionier Erkundungstrupp (PiErkdTrp) Wiesel 2** erhalten. Das Fahrzeug wurde speziell für Zugführer in den Luftlandepionierkompanien entwickelt und kann zu Sperr- und Erkundungseinsätzen eingesetzt werden.

Die Ausrüstung besteht aus einer Führungsausstattung, einer ABC-Schutzanlage und für die verschiedenen Einsatzmissionen unterschiedliche, pionierspezifische Gerätesätze. Hierzu zählen:

- Minensuch- und ein Markierungssatz für den Sperreinsatz.
- Zündgerätesatz für den Sprengeinsatz.
- Entfernungsmessgerät und Schlauchboot für die Gewässererkundung.
- FüWES-Rechner, VHF-Funkgeräte, GPS- und TACNAV-Navigation als Führungsausstattung.

Derzeit befinden sich 9 Fahrzeuge im Bestand.

Nach Beschluss der Bundesregierung vom April 2004 sollten von Rheinmetall Landsysteme 32 **bewegliche Befehlsstellen (BewBefSt) Wiesel 2** beschafft werden. Auftragsbeginn war Mitte 2005 vorgesehen. Die Beschaffung sollte sich über

**Sanitätskraftfahrzeug (SanTrp) Wiesel 2. Die Abbildung zeigt die hohe Flexibilität des Fahrzeuges, mit den Geländegegebenheiten fertig zu werden. (40A)**

zwei Jahre erstrecken. Eine Option sah die Lieferung von weiteren 16 BewBefSt bis 2008 vor. Die ersten zwei beweglichen Befehlsstellen wurden 2006 ausgeliefert, die restlichen 30 Fahrzeuge des Auftrages folgten erst zwischen 2011 und 2012.

Mit dem Fahrzeug werden die spezialisierten Kräfte des Heeres in die Lage versetzt, unabhängig von fester Infrastruktur folgende Aufgaben zu erfüllen:

- Dezentrale, aufgabenspezifische Bearbeitung von Führungsaufgaben.
- Rechnergestützte Operationsführung.
- Sicherstellung des Informationsflusses zu anderen Truppengattungen, Führungsstäben und Kommandobehörden.
- Unterstützung im Rahmen der Stabsarbeit bei der Erstellung, Verteilung und Bearbeitung von Meldungen, Befehlen, Übersichten und grafischen Lagen, sowie bei der Verteilung ausgewählter Daten.

Das Fahrzeug ist mit einem Global Positioning System (GPS) ausgerüstet. Der Schutzfaktor ist bei allen Führungs- und Transportkraftfahrzeugen Wiesel 2 gleich. Die Fahrzeuge bieten Schutz gegen Infanteriewaffen Kaliber 7,62 mm, Artilleriesplittern und Schützenabwehrminen.

Der **Waffenträger Wiesel 2 Panzermörser** (Waffenträger Mrs 120 mm legeplvb) ist technologisch für die Bedürfnisse der Luftlandetruppe und Krisenreaktionskräfte ausgelegt. Er vereinigt die Eigenschaften und Merkmale der anderen Familienfahrzeuge, wie gute Geländegängigkeit, Wendigkeit, minimale Silhouette und hohe Mobilität. Ausgerüstet ist der leichte Panzermörser (lePzMrs) mit einem 120 mm rücklaufgelagerten Vorderladermörser. Die Reichweite für herkömmliche Munition beträgt bis 6000 m und mit neuer Lenkmuniti-

**Bergen eines Verwundeten mit dem SanTrp Wiesel 2. (40A)**

on bis 8000 m. Die Bedienung der Waffe, wie z. B. das Nachladen, erfolgt vom vorderen Rohrende unter ballistischem- und ABC-Schutz.
Die technischen Untersuchungen und der Truppenversuch des lePzMrs wurden 2004 noch mit einem vier Rollen-Laufwerk begonnen. Es war jedoch absehbar, dass aufgrund der eingeflossenen umfangreichen Änderungen das zul. Gesamtgewicht von 4.500 kg nicht gehalten werden konnte. Aus Kosten- und Zeitgründen fügte man in die bereits vorhandene Wannenstruktur ein zusätzliches Rollenpaar ein. Am Ende kam der lePzMrs auf ein Gesamtgewicht von 4.780 kg.
Nochmalige umfangreiche Untersuchungen des Gesamtsystems mit zwei Serienfahrzeugen führten abschließend dazu, dass mit einer Ausstattung der Verbände nicht vor 2015 zu rechnen ist. Die Planung besagt, dass vom Wiesel 2 Panzermörser acht Fahrzeuge beschafft werden. Zum gleichen Zeitpunkt ist der Zulauf von 2 TrspKfz Wiesel 2 des **Zugführer / Feuerleittrupp Mörser** (Zg-/FltTrpMrs) geplant.

| |
|---|
| TrspKfz leicht gep lvb MTH SanTrp |
| TrspKfz leicht gep lvb MTH Zg-/FltTrpMrs |
| TrspKfz leicht gep lvb MTH PiErkdTrp |
| Waffenträger Mrs 120 mm leicht gep lvb |
| TrspKfz leicht gep lvb MTH BewBefSt |

Die Luftbeweglichkeit aller Varianten ist durch den MTH CH-53, entweder als Außenlast oder im Transporthubschrauber, gewährleistet. Bei Doppelbeladung nur mit reduzierter Einsatzreichweite.

**Pionier Erkundungstrupp Wiesel 2, ausgestattet mit einer Führungsausstattung und pionierspezifischen Gerätesätzen. (40A)**

Pionier Erkundungstrupp Wiesel 2. (40A)

Bewegliche Befehlsstelle Wiesel 2. Eingesetzt als Gefechtsstandstrupp, als gepanzerte, bewegliche Befehlsstelle im Verbund des Führungsinformationssystems des Heeres. Vorne der Staukasten für die persönliche Ausrüstung der Besatzung. Auf dem Dach des hinteren Mannschaftsraumes eine große »Zarges«-Staukiste. Rechts daneben das Antennenanpassgerät der HF-Funkanlage. (97)

Bewegliche Befehlsstelle Wiesel 2. Als Führungsfahrzeug anhand der Antennenanordnung gut zu erkennen. (97)

Luftverladbarer leichter Panzermörser (lePzMrs) 120 mm auf Basis Wiesel 2. (40)

Wiesel 2 Panzermörser 120 mm mit rücklaufgelagertem Vorderladermörser, der sowohl für herkömmliche Munition mit 8 km Reichweite als auch für gelenkte Mörsermunition (GMM) ausgelegt ist. Die Waffenanlage wird unter ballistischem Schutz und ABC-Schutz bedient und nachgeladen. (40)

Das Wiesel 2-Führungsfahrzeug (Zg/Flt-Trp) gewährleistet, dass das Mörserkampfsystem 120-mm-Wiesel 2 räumlich unabhängig voneinander und eigenständig operieren kann. (40)

# 7. Weitere Kettenfahrzeuge

## 7.1 Bergepanzer M 74

Der erste Bergepanzer der Bundeswehr war der auf dem Fahrgestell des amerikanischen KPz M 4 A3 mit HVSS-Laufwerk der US-Firma Bowen McLaughlin-York basierende Bergepanzer M 74. Das Fahrzeug war jedoch für seine Aufgabe untermotorisiert, daher zu langsam, außerordentlich störanfällig und wenig beliebt. Häufig war ausgerechnet der 3,39 m hohe Bergepanzer das erste Fahrzeug, das bei Straßenmärschen ausfiel.

Für seine Aufgaben war er mit einem klappbaren A-Baum (Hubkraft 20 t), einer Seilwinde von 40 t Zugkraft sowie Schweißgeräten und Panzerersatzteilen ausgerüstet. Bewaffnet war er mit einem Fla-MG, cal. .50 (12,7 mm x 99) und einem Wannen-MG cal. .30 (7,62 mm x 63).
1956 erhielt die Panzertruppe 300 Bergepanzer M 74. Mit Zulauf des Bergepanzers M 88 zu Beginn der 60er-Jahre verlor der **Bergepanzer M 74** immer mehr an Bedeutung und wurde bald ausgesondert.

**Bergepanzer M 74 mit Fla-MG cal. .50 (12,7 mm x 51). (18)**

**Bergepanzer M 74 mit Fla-MG cal. .50 (12,7 mm x 51). (18)**

## Bergepanzer M 74

| **Bezeichnung** | **Bergepanzer M 74** |
|---|---|
| Hersteller | **Bowen-Mc Laughlin York** |
| | 1956–1960 |
| **Motor** | |
| | Ford GAA 8-Zylinder-Reihe-Viertakt Vergasermotor |
| Leistung kW(PS)/$min^{-1}$ | 372(506)/2800 [1)] |
| Hubraum ($cm^3$) | 18.000 |
| **Getriebe** | |
| | Cletrac-Lenkgetriebe 5-Gang Synchron |
| **Allgemeine Daten** | |
| Gesamtmaße (L x B x H) (mm) | 7950 x 3090 x 3390 |
| Auflagelänge der Kette (mm) | 3812 |

| | |
|---|---|
| Spurweite (mm) | 2261 |
| Kettenbreite (mm) | 350 |
| Bodenfreiheit (mm) | 390 |
| Wattiefe (mm) | 900 |
| Leergewicht (mm) | |
| Gefechtsgewicht (kg) | 42.500 |
| Höchstgeschwindigkeit (Straße) (km/h) | 34 |
| Bewaffnung | 1 Fla-MG cal. .50 (12,7 mm x 99)<br>1 Bord-MG cal. .30 (7,62 mm x 36) |
| Bergegerät | A-Baum, 20 t Hubkraft<br>Seilwinde 40 t |
| Besatzung | 4 |

1) Leistung in SAE, nach DIN ca. 15 bis 20% geringer

## 7.2 Beobachtungs- sowie Beobachtungs- und Führungspanzer

Bis 1988 rüstete Thyssen-Henschel 486 ehemalige Kanonenjagdpanzer 4-5 zu Beobachtungs- (BeobPz) sowie zu Beobachtungs- und Führungspanzern (BeobPz/FuePz) um. Die 90-mm-Kanone entfiel, die Kanonenblende musste jedoch aus Gewichtsgründen am Fahrzeug verbleiben. 1990 ersetzte ein Zielortungsgerät (ZOG) auf Hublafette die drehbare Optik vor der Kdt-Luke. Der Eigenverteidigung dienten ein Fla-MG 7,62 mm und eine Nebelmittelwurfanlage.
Eingesetzt wurde das Fahrzeug als VB-Pz bei FArtBtl der Div, PzArtBtl der Brig, PzMrsKp (bis 1999) und als Führungsfahrzeug bei der PzJg-Truppe.
2003 wurden die letzten Fahrzeuge aus der Nutzung genommen. Der Ersatz erfolgte in Teilen durch den SPz Marder 1 A3 VB-Trp PzMrs.

**Beobachtungs- und Führungspanzer mit Richtungsweisendem Doppelfernrohr (WDF). (06)**

## 7.3 Vollkettenartillerietraktor 18 t M 4 und 13 t M 5 A4

Zu der von den Amerikanern 1956 gelieferten Erstausstattung der Bundeswehr gehörten auch die beiden Vollkettenartillerietraktoren M 4 und M 5 A4.

Während der **Vollkettenartillerietraktor M 4** als Zugmittel für die mittlere Feldhaubitze 155 mm M 114 (US), für die schwere Feldkanone 155 mm M 59 (US) und für die schwere Feldhaubitze 203 mm M 115 (US) diente, zog der **Vollkettenartillerietraktor M 5 A4** die leichte Feldhaubitze 105 mm M 101 (US) und die mittlere Feldhaubitze 155 mm M 114 (US). Beide Fahrzeugtypen wurden während des 2. Weltkrieges konzipiert und gebaut. Die in der Bundeswehr genutzte Ausführung M 5 A4 wurde erst nach 1945 gefertigt.

Bei beiden Fahrzeugen handelt es sich um ungeschützte Kettenzugmaschinen. Die Besatzung war beim M 4 in der vorderen Fahrzeughälfte, beim M 5 A4 in den vorderen zwei Dritteln des Fahrzeuges untergebracht.

Beim Vollkettenartillerietraktor M 4 war die Kampfbeladung für die Geschütze im Heck untergebracht, beim Vollkettenartillerietraktor M 5 A4 seitlich über der Kettenabdeckung in Staukästen verteilt.

Der M 4 wurde durch den Zugkraftwagen 10 t glw (6x6) Faun Z 912/21-155 bzw. Z 912/21-203 der 1. Generation abgelöst. Der M 5 A4 wurde als Zugmittel für die Feldhaubitze 105 mm vom Lkw 12 t gl (6x6) Faun L 912/45a und dem speziell entwickelten Geräteträger Faun GT 8/15 als Transportfahrzeug abgelöst. Der Einsatz der Vollkettenartillerietraktoren beschränkte sich auf die Jahre 1956–1960. Eingesetzt waren sie bei den FArtBtl, der M 5 A4 auch vereinzelt als Zugmittel bei den Pionieren.

**Vollkettenartillerietraktor 18 t M 4. (01)**

Vollkettenartillerietraktor beim Instellungbringen einer Feldhaubitze 155 mm (06)

Vollkettenartillerietraktor 13 t M 5 A4. (05)

**Abhängen einer Feldhaubitze 155 mm vom Vollkettenartillerietraktor M 5 A4. (06)**

## Vollkettenartillerietraktor M 4 und M 5 A4

| **Bezeichnung** | **Vollkettenartillerietraktor M 4** | **Vollkettenartillerietraktor M 5 A4** |
|---|---|---|
| Hersteller | Allis-Chalmers | International Harvester |
| | 1956–1960 | 1956–1960 |
| **Motor** | | |
| | Wauksha 145 GZ | Continental R 6572 |
| Leistung kW(PS)/min$^{-1}$ | 144(196)/2100 | 152(207)/2900 |
| Hubraum (cm$^3$) | 13.112 | 9375 |
| Getriebe | | |
| | - k. A. - | - k. A. - |
| **Allgemeine Daten** | | |
| Gesamtmaße (L x B x H) (mm) | 5328 x 2464 x 2740 | 5075 x 2934 x 2604 |
| Auflagelänge der Kette (mm) | 3150 | 2755 |
| Spurweite (mm) | 2032 | 2296 |
| Kettenbreite (mm) | 420 | 435 |
| Bodenfreiheit (mm) | 521 | 502 |
| Wattiefe (mm) | 1041 | 1346 |
| Leergewicht (mm) | 12.700 | |
| Gefechtsgewicht (kg) | 14.243 | 13.517 |
| Höchstgeschwindigkeit (Straße) (km/h) | 56 | 48 |
| Bewaffnung | 1 Fla-MG cal .50 (12,7 mm) | 1 Fla-MG cal. 50 (12,7 mm) |
| Zugkraft, max. (kg) | 22.680 | 9072 |
| Besatzung | 11 | 10 |

## 7.4 Fernsteuerbares Detektorfahrzeug RC Sys (DetFzg RC Sys) auf Basisfahrzeug Wiesel 1.

Die seit 2004 zunehmende Bedrohung durch improvisierte Sprengfallen in Afghanistan führte dazu, dass die Aufklärung und Räumung von Kampfmitteln und Sprengfallen verbessert werden musste. Die Forderung lief auf ein »German Route Clearance Package (GRCP)« hinaus. Das System wird in der Bundeswehr als »Route Clearance-Systems (RCS)« bezeichnet und ist seit 2010 mit vorerst sieben Systemen im Sofortbeschaffungsgang.

Das System besteht aus einem geschützten **Bedienertruppfahrzeug RC Sys** auf dem **TPz 1 A8A12** (nicht Bestandteil dieses Buches), dem fernsteuerbaren **Detektorfahrzeug RC Sys** (DetFzg RC Sys) auf Basisfahrzeug Wiesel 1, der fernsteuerbaren Arbeitsmaschine **MineWolf MW240** (nicht Bestandteil dieses Buches) und als Ergänzung zu einem späteren Zeitpunkt auf Basis des TPz 1 das Kampfmittelaufklärung und -identifizierungsystem **TPz 1 A8A13 KAI** (nicht Bestandteil dieses Buches).

Das unbemannte, fernsteuerbare DetFzg RC Sys auf Wiesel 1-Fahrgestell ist eine Maschine gemäß Maschinenrichtlinie 2006/42/EG und wird zum Erkennen von verdeckten Kampfmitteln über die Funkfernsteuerung aus dem BedrTrpFzg bedient.

Dem System für den Transport des DetFzg RC Sys und des Manipulatorfahrzeuges MineWolf beigestellt, sind je ein MULTI A4 FSA mit der dazugehörigen Wechselladereinrichtung, die mit passenden Verlastungsrahmen für das Detektorfahrzeug und dem MineWolf modifiziert wurden.

Seit 2011 standen die zwei Manipulatorfahrzeuge den Einsatzkräften in Afghanistan zur Verfügung. Nacheinander folgten das Bedienertruppfahrzeug TPz 1 A8A12 und das DetFzg RC Sys.

**Fernsteuerbares Detektorfahrzeug RC Sys mit in Detektionsrichtung befindlichem Kampfmitteldetektor. (95)**

# 8. Mehrzweckvollketten- und Geländefahrzeuge

## 8.1 Universal- und Überschneefahrzeuge

Um im Gebirge auch bei Schnee ausreichend mobil zu sein, benötigte die Gebirgstruppe ein entsprechendes Trägerfahrzeug. Gute Geländegängigkeit und niedriger Bodendruck sind elementare Voraussetzungen, um Personal, Waffen und Gerät unter schwierigen klimatischen und geophysikalischen Bedingungen verlegen zu können.
Erste Versuche mit einer 1958 bis 1960 von der Firma NSU entwickelten **Gebirgskarette** (4-Zylinder-Viertakt-Porsche-750-Boxermotor, 40 kW/55 PS) brachten zwar gute Ergebnisse im Gelände, ließen aber das oben offene Fahrzeug mit seinen schmalen Ketten und dem damit verbundenen höheren Bodendruck für den Einsatz auf Schnee als nicht geeignet erscheinen.
Das ab 1968 erprobte, von der schwedischen Firma Aktiv gebaute **Snow Trac (ST 4)** (4-Zylinder-Volkswagen-126A-Benzinmotor, 39 kW/53 PS) hatte eine geschlossene Fahrerkabine mit Dachluke und eine offene Ladefläche für 500 kg Nutzlast. Sein 460 mm breites Gummikettenlaufwerk verlieh dem Fahrzeug eine gute Schneegängigkeit. Der Snow Trac war für den Transport von Personen und Gerät auf Hochge-

**Gebirgskarette der Firma NSU. Das abgebildete Fahrzeug steht in der Wehrtechnischen Studiensammlung in Koblenz. (94)**

birgsübungsplätzen bei entsprechender Schneelage vorgesehen. Obwohl es bereits in anderen Streitkräften Verwendung fand, wurde es nicht beschafft.
1973 erprobte die Bundeswehr ein von der Firma Kässbohrer entwickeltes Überschnee-Transportfahrzeug mit geschlossenem Fahrerhaus und offener Pritsche, das die Bezeichnung **Pistenbully PB 25.145 D t**rug (ohne Abbildung).
Das Fahrzeug bewährte sich während der Erprobung, so dass 1976 zu Erprobungszwecken von Kässbohrer ein Exemplar des **Pistenbully PB 25.170 D** (MB OM 352A 6-Zylinder-Dieselmotor, 123 kW/168 PS) erworben wurde. Als Ergebnis dieser Erprobung wurden weitere fünf Pistenbully PB 25.170 D mit Führerhaus und Transportkabine mit einer Nutzlast von 1200 kg für die Gebirgstruppe beschafft.
Um die Gebirgstruppe weiter mit geeignetem Transportmaterial auszustatten, entwickelte man gemäß den Anforderungen der Bundeswehr bei Kässbohrer das **Flexmobil FM 23.150 K** (MB OM 366A 6-Zylinder-Turbodieselmotor 110 kW/150 PS). Dieses Fahrzeug wurde im März 1984 mit einem von den norwegischen Streitkräften zur Verfügung gestellten Bv 206 von AB Hägglund & Söner einem Vergleichstest unterzogen. Diese Tests demonstrierten u. a. die besondere Überlegenheit der Knickgelenksteuerung des Bv 206 im Tiefschnee, so dass man sich im Weiteren für den Bv 206 entschied.
Ein Einzelfahrzeug blieb das Flexmobil FM 23.150 K nicht. 1988 wurde ein zweites Exemplar beschafft. Es unterschied sich durch größere Seitenfenster in der Transportkabine. Im Jahr 2002 wurde das letzte Flexmobil FM 23.150 K und im Jahr 2005 die letzten beiden Pistenbully PB 25.170 D aus dem Bestand der Bundeswehr gestrichen.
Eine nicht näher bekannte Anzahl von Raupenfahrzeugen ist bei Wehrtechnischen Dienststellen der Bundeswehr, einer Marinedienststelle und bei der Sportfördergruppe der Bundeswehr eingesetzt. Bei Letzterer, um im Winter für die Skisportarten die Loipe zu spuren. Bekannt geworden ist hier der Pistenbully PB 160 D und 230 DR.

**Schneegängiger Kettenkraftwagen SNOW TRAC (ST 4) der schwedischen Firma Aktiv. Das abgebildete Fahrzeug ist restauriert. (91)**

Überschneetransportfahrzeug PB 25.170 D PISTENBULLY mit geschlossener Kabine. (69)

Überschneetransportfahrzeug FM 23.150 K FLEXMOBIL in der Ausführung von 1984/85 mit kleinen Seitenfenstern. (06)

Überschneetransportfahrzeug FM 23.150 K FLEXMOBIL in der Ausführung von 1988 mit großen Seitenfenstern. (71)

Universalmaschine PB 230 DR PISTENBULLY von Kässbohrer. Das Fahrzeug gehört zur Marinefunkstelle Ramsloh/Rharderfehn in Ostfriesland. (70)

**Feuerlöschraupe Typ PISTENBULLY 400 W der WTD 91 in Meppen. Das Fahrzeug kann zur Menschenrettung und Brandbekämpfung in Moorgebieten eingesetzt werden. (88)**

## 8.2 Mehrzweck-Geländefahrzeug Bv 206 D (Husky)

Das **Mehrzweck-Geländefahrzeug Bv 206 D** der schwedischen Firma AB Hägglunds & Söner (Schweden) ist ein hochmobiles, lufttransportfähiges, zweiteiliges, amphibisches Transportfahrzeug. Es ist zum Transport von Personen und Gerät bei allen Geländearten vorgesehen.

Das Fahrzeug besteht aus einem Vorder- und einem Hinterwagen, die eine Gelenksteuereinheit verbindet. Im vorderen Wagen befindet sich die Antriebsanlage, bestehend aus Motor, Getriebe, Brems- und Lenkanlage (Knickgelenksteuerung). Der Vorderwagen bietet in der Basisversion Platz für vier Soldaten-, während der Hinterwagen in der Basisversion elf Soldaten mit Ausrüstung aufnehmen kann.

Rahmen und Laufwerksträger sind aus Stahl gefertigt, die Aufbauten aus glasfaserverstärktem Kunststoff (GFK). Das ohne Vorbereitung schwimmfähige Fahrzeug wird von einer 620 mm breiten Endlosgummikette angetrieben, die auch für den nötigen Antrieb im Wasser sorgt.

Aus dem Vergleichstest mit dem FLEXMOBIL FM 24.150 K der Firma Kässbohrer als Sieger hervorgegangen, beschaffte die Bundeswehr für die deutschen Anteile der Allied Mobile Force/Land AMF(L) und Einheiten der Luftlandebrigade, in einem ersten Los, zwölf Bv 206 D der Firma Hägglunds (Schweden).

Angetrieben wird das Fahrzeug von einem Mercedes-Benz OM 617.952 5-Zylinder Turbodieselmotor mit einer Nennleistung von 92 kW (125 PS) bei 4.350 U/min. Der Bv 206 D konnte die 20-mm-Feldkanone auf Feldlafette und die 105-mm-Gebirgshaubitze ziehen.

In mehreren kleinen Losen wurden von 1989 bis 2000 weitere 156 Geländetransporter Bv 206 D an die Bundeswehr geliefert. Diese Fahrzeuge werden mit dem Mercedes-Benz OM 603.950 6-Zylinder-Turbodieselmotor mit einer Nennleistung von 100 kW (136 PS) bei 4.600 U/min angetrieben.

Am 23. November 1993 erhielt der Geländetransporter Bv 206 D offiziell den Gebrauchsnamen **»Husky«**. Um der Besatzung bei Unfällen einen Lebensraum im Fahrzeug zu erhalten, wurde von der Emder-Anlagen- und Fahrzeugtechnik (EAFT) ein Überrollschutz in Faser-Laminatbauweise entwickelt. Seit 2012 werden die Bv 206 D nachgerüstet.

Für die Geländetransporter der mobilen Richtfunktrupps wurden bis zum Jahr 2000 sechs **Anhänger MB 59 AD** der Firma Hägglunds Moelv, Norwegen zum Transport von Rüst- und Einbausatzteilen beschafft.

Für den Lufttransport kann ein Fahrzeug als Außenlast (getrennt) unter dem MTH CH-53 G, oder zwei Fahrzeuge von der C-160 TRANSALL, bzw. von dem Military Airbus A400M, aufgenommen werden. Bis zum 22. November 2000 erhielt die Bundeswehr 168 Fahrzeuge. Inzwischen wurde die Fertigung des Bv 206 D eingestellt.

## Variantenübersicht Bv 206 D

| |
|---|
| Geländetransporter Bv 206 D ohne EBS (Basisversion) |
| Geländetransporter Bv 206 D mit EBS Funk |
| Geländetransporter Bv 206 D mit EBS Führung/Funk |
| Geländetransporter Bv 206 D mit EBS Richtfunk 18-m-Mast |
| Geländetransporter Bv 206 D mit EBS Führung/Funk Ergänzungssatz |
| Geländetransporter Bv 206 D mit EBS Ergänzungssatz 1 |
| Geländetransporter Bv 206 D mit EBS Richtfunkabzweig |
| Geländetransporter Bv 206 D mit EBS Kommando Spezialkräfte |

**Mehrzweck-Geländefahrzeug Bv 206 D. (06)**

**Mehrzweck-Geländefahrzeug Bv 206 D mit EBS Führung/ Funk und mit am Vorderwagen vorgesetzten SEA 1,9 kW. (69)**

**Mehrzweck-Geländefahrzeug Bv 206 D mit EBS Führung/Funk und entfalteter Antenne. (58)**

**Mehrzweck-Geländefahrzeug Bv 206 D mit EBS Richtfunk, 18-m-Mast und Anhänger MB 59 AD der Fa. Hägglunds Moelv/Norwegen. (18)**

**Mehrzweck-Geländefahrzeug Bv 206 D mit EBS Richtfunk. Gut erkennbar ist die Abstützung des 18-m-Mastes zu erkennen. (97)**

**Mehrzweck-Geländefahrzeug Bv 206 D mit EBS Richtfunk und 18-m-Mast. (97)**

## Mehrzeckgeländefahrzeug Bv 206 D und leicht gepanzertes Transportfahrzeug Bv 206 S

| **Bezeichnung** | **Mehrzweck-Geländefahrzeug Bv 206 D** | **Leicht gep. Transportfahrzeug SanTrp Bv 206 S** |
|---|---|---|
| Hersteller | **Hägglunds (Schweden)** | **Rheinmetall Landsysteme Hägglunds (Schweden)** |
| Baujahre | 1985–2000 | 2003–2013 |
| **Motor** | | |
| | Mercedes-Benz OM 603.950 6-Zylinder-Viertakt-Reihen-Dieselmotor mit Turbolader und Ladedruckregelventil | Steyer M 16 TCA HD M 1 6-Zylinder-Dieselmotor mit Turbolader und Ladeluftkühlung |
| Leistung kW(PS)/min$^{-1}$ | 100(136)/4600 | 130(177)/3800 |
| Hubraum (cm$^3$) | 2996 | 3200 |
| **Getriebe** | | |
| | Mercedes-Benz W4A-040 Automatik-Getriebe 4 Vorwärts-, 1 Rückwärtsgang | DaimlerChrysler W5A-580 mit Wandlerüberbrückungs-Kupplung und elektronischer Steuerung 5-Gang-Automatikgetriebe |
| **Allgemeine Daten** | | |
| Gesamtmaße (L x B x H) (mm) | 6900 x 1870 x 2300 [2)] | 6920 x 2000 x 2000 [3)] |
| Auflagelänge des Laufbandes jeweils f. Vorder- u. Hinterwagen (mm) | 1840 | 1840 |
| Spurweite (mm) | 1230 | 1380 |
| Kettenbreite (mm) | 620 [1)] | 620 [1)] |
| Bodenfreiheit (mm) | 350 | 300 |
| Wattiefe (mm) | 1000 | 1000 |
| Leergewicht (mm) | 4330 | 5910 [4)] |
| Zulässige Nutzlast (kg) | | 1190 [5)] |
| Vorderwagen (kg) | 520 | 320 |
| Hinterwagen (kg) | 1520 (davon max. 200 kg auf dem Dach) | 1110 (davon max. 200 kg auf dem Dach) |
| Gefechtsgewicht (kg) | 6580 [6)] | 7100 [6)] |
| Höchstgeschwindigkeit (Straße) (km/h) | 52 | 52 |
| Bewaffnung | --- | 1 MG Kaliber 7,62 x 51 mm |
| Besatzung | Je nach Variante, max. 15 | 3 + 7) |

1) Gummibandkette 2) Höhe Vorderwagen, Höhe Hinterwagen 2400 mm 3) Höhe Vorderwagen, Höhe Hinterwagen 1820 mm
4) Basisfahrzeug inkl. Treibstoff 5) inkl. Zusatzpanzerung, SAN-Einbausatz, ABC-Anlage, Funk- u. BV-Anlage, Ausrüstung, Besatzung
6) zul. Gesamtgewicht 7) 1 liegender Verwundeter und 3 sitzende Verwundete oder 2 liegende Verwundete im Hinterwagen.

## 8.3 Leicht gepanzertes Transportfahrzeug Bv 206 S

Zur Erfüllung ihrer Aufgaben müssen sowohl die Krisenreaktionskräfte als auch die Hauptverteidigungskräfte über hohe Mobilität bei angemessenem Schutz verfügen. Daher muss mindestens ein Teil der Kräfte luftbeweglich sein. Um Mobilität und Schutz nach Anlanden der Luftlandekräfte zu gewährleisten, müssen leicht gepanzerte und luftverladbare Fahrzeuge bestimmte Schlüsselfunktionen wahrnehmen.

Die bestehende Ausrüstungslücke wurde neben dem Wiesel 2 (siehe Seite 184) durch das leicht gepanzerte Transportfahrzeug Bv 206 S geschlossen. In Zusammenarbeit mit den Firmen BAE Systems Hägglunds AB und Rheinmetall Landsysteme wurde das Transportfahrzeug für die Bedürfnisse der Luftlande- bzw. Gebirgsjägerkräfte weiter entwickelt.

Es handelt sich wie bei seinem Vorgänger – dem Mehrzweck-Geländefahrzeug Bv 206 D – um ein zweiteiliges Vollkettenfahrzeug, dessen Vorder- und Hinterwagen ein Knickgelenk verbindet. Die Lenkung erfolgt über eine hydraulische Ansteuerung des Knickgelenkes (Knickgelenksteuerung). Durch dieses Prinzip und durch die breiten Gummibandketten, die einen sehr niedrigen Bodendruck bewirken, weist der Bv 206 S auch in schwierigstem Gelände eine sehr hohe Mobilität auf.

Das Fahrzeuggehäuse besteht aus Stahl mit Zusatzpanzerung und eingefügten Panzerglasscheiben. Der Schutz ist bis zum Beschuss gegen Handfeuerwaffen Kaliber 7,62 mm x 54R (Dragunov) ausgelegt. Schwimmfähigkeit und Geländegängigkeit blieben trotz Erhöhung des Gehäusegewichtes erhalten. Weiterhin ist das Fahrzeug mit einer Schnelltrennvorrichtung und ABC-Schutzanlage versehen.

Als Antrieb wurde ein Steyer M 16 TCA HD M 1 6-Zylinder-Dieselmotor mit Turbolader und Ladeluftkühlung mit einer Nennleistung von 130 kW (177 PS) bei 3.800 U/min gewählt.

Das Fahrzeug ist je nach Ausrüstungsvariante für den Transport von vier Soldaten im Vorderwagen und acht Soldaten im Hinterwagen ausgelegt. Der Lufttransport erfolgt in der Transall C-160 oder im Military Airbus A400M.

Der **Sanitätstrupp (SanTrp) Bv 206 S** kann maximal sieben Personen transportieren, davon drei im Vorderwagen und je nach Anzahl der Liegeplätze:

- ein liegender Verwundeter und drei sitzende Verwundete oder
- zwei liegende Verwundete

im Hinterwagen.

Der **Bewegliche Arzttrupp (BAT) Bv 206 S** kann maximal fünf Personen transportieren, davon zwei im Vorderwagen und im Hinterwagen:

- ein Arzt und ein Sanitäter und ein liegender Verwundeter.

Die Auslieferung der 31 bestellten SanTrp Bv 206 S wurde 2004 abgeschlossen. Von diesem Baulos wurden 4 Bv 206 S SanTrp zum Beweglichen Arzttrupp (BAT) umgerüstet und bis 2007 ausgeliefert.

Am 8. Dezember 2004 billigte das Parlament die Beschaffung von weiteren 75 gepanzerten Führungs- und Transportfahrzeugen in der Version **Gefechtsstandtrupp (GefStdTrp) Bv 206 S**. Ein weiteres Baulos von 81 Gefechtsstandtruppfahrzeugen wurde im September 2005 bestellt. Zu ihren Aufgaben gehört:

- Dezentrale, aufgabenspezifische Bearbeitung von Führungsaufgaben.
- Rechnergestützte Operationsführung.
- Sicherstellung des Informationsflusses zu anderen Truppengattungen, Führungsstäben und Kommandobehörden.
- Unterstützung im Rahmen der Stabsarbeit bei der Erstellung, Verteilung und Bearbeitung von Meldungen, Befehlen, Übersichten und grafischen Lagen, sowie bei der Verteilung ausgewählter Daten.

Um den erhöhten Bedarf an Rüst- und Einbausatzteilen, persönliches Zubehör und allgemeinen Transportgütern zu transportieren, wurde bei der Firma Binz ein 1. Los von 75 **Anhänger TTA Bv 206 S** bestellt und bis 2009 ausgeliefert. Im Jahr 2010 lieferte Binz ein weiteres Los mit 66 Anhängern TTA Bv 206 S.

Nach der Beschaffung von insgesamt 187 Transport-Kraftfahrzeugen leicht, gepanzert, luftverladbar Bv 206 S, wurde keine weitere Beschaffung mehr eingeleitet.

**Variantenübersicht Bv 206 S**

| | |
|---|---|
| TrspKfz Le gep Lvb C-160 SanTrp | TrspKfz Le gep Lvb C-160 GebJgGrp |
| TrspKfz Le gep Lvb C-160 BAT | TrspKfz Le gep Lvb C-160 Hoch-GebJgGrp |
| TrspKfz Le gep Lvb C-160 ZgTrp GebJg | TrspKfz Le gep Lvb C-160 GefStdTrp |
| TrspKfz Le gep Lvb C-160 ZgTrp Hoch-GebJg | TrspKfz Le gep Lvb C-160 Basis/Ausb-Fzg |

**Bv 206 S, TrspKfz Le gep Lvb C-160 SanTrp. (97)**

**Bv 206 S, TrspKfz Le gep Lvb C-160 SanTrp. (91)**

Bv 206 S, TrspKfz Le gep Lvb C-160 SanTrp (91)

Bv 206 S, TrspKfz Le gep Lvb C-160 zur Aufnahme der Fernmelde- und Kampfausstattung der Gebirgsjäger oder als Aufklärungs- und Verbindungszug. Zur Aufnahme der Ausrüstung wird zusätzlich ein Anhänger TTA Bv 206 S mitgeführt. (68)

# 9. Raketenwaffensysteme

## 9.1 Artillerieraketensystem Lance

1962 begann das US-Heer mit der Entwicklung des Waffensystems »Lance« als Nachfolgesystem für das Waffensystem »Honest John«. Parallel dazu begann im Jahre 1966 die Entwicklung eines reichweitenverbesserten Waffensystems »Lance« als Ablösung für das Waffensystem »Sergeant«. 1967 wurde das Waffensystem »Lance« zum alleinigen Nachfolgemuster für die Waffensysteme »Honest John« und »Sergeant« bestimmt. Die deutschen Truppenversuche fanden von April 1971 bis März 1972 auf dem Raketenschießplatz White Sands/New Mexiko (USA) statt.

Das Waffensystem »Lance« besteht aus dem Lenkraketenwerfer M 752, dem Lade- und Transportfahrzeug M 688 und dem gezogenen Einachs-Lenkraketenwerfer M 740. Der Lenkraketenwerfer M 752 besteht aus dem modifizierten US-Trägerfahrzeug M 667 und dem abnehmbaren Startgestell M 782. Eine Besonderheit ist die elektrisch-hydraulisch betriebene Laufwerkverriegelungsanlage. Sie blockiert die Federbewegung der Laufrollenschwingarme und sorgt für die nötige Standfestigkeit des Fahrzeuges bei der Verladung oder bei der Nutzung als Startfahrzeug.
Das Lade- und Transportfahrzeug M 688 leitet sich wie das Startfahrzeug M 752 vom Fahrgestell des Schützenpanzers

**Startfahrzeug M 752 mit FK-Startgerät in Transportstellung. (03)**

**Lenkraketenwerfer M 752 wird zum Abschuss eines Boden-Boden-Flugkörpers LANCE vorbereitet. Die Fahrerkabine ist abgesenkt, die Heckrampe geöffnet. (15)**

**Lade- und Transportfahrzeug M 688, beladen mit zwei Boden-Boden-Flugkörpern LANCE, in Transportstellung. (15)**

M 113 ab. Der Laderaum ist beim Lenkraketenwerfer 3200 mm lang, 2430 mm breit, 1260 mm hoch und nimmt die Transport- und Verladeeinrichtung mit einem hydraulisch betriebenen 1900-kp-Kran auf. Es können zwei teil- bzw. fertigmontierte Flugkörper transportiert werden.

Der einstufige, flügel- und drallstabilisierte Flugkörper mit einer Länge von 6170 mm und einem Durchmesser von 650 mm wiegt 1300 kg. Der mit 670 kg Flüssigkeitstreibstoff und einem 454 kg schweren Gefechtskopf (konventionell oder nuklear) ausgestattete Flugkörper erreichte bei Überschallgeschwindigkeit eine Einsatzreichweite von 10 km bis 110 km. Mit dem gezogenen Einachslenkraketenwerfer M 740 und dem Transportrüstsatz M 234 zur Aufnahme des Startgestells konnte ebenfalls eine Rakete abgefeuert werden.

1976–1977 führte die Bundeswehr 26 Systeme in den Raketenartilleriebataillonen der Korps und im Raketenartilleriebataillon der 6. PzGrenDiv ein. Dort lösten sie die Artillerieraketensysteme »Honest John« und »Sergeant« ab. 1992 wurde »Lance« aus der Nutzung genommen.

Einachs-Lenkraketenwerfer M 740. (70)

## Artillerieraketensystem Lance

| Bezeichnung | Artillerieraketensystem Lance | |
|---|---|---|
| | Lade-/ TrspFz M 668 | Lenkraketen-werfer M 752 |
| Hersteller | Vought Corporation Michigan/USA | |
| | 1976–1992 | |
| **Motor** | | |
| | Detroit Diesel Engine 6 V 53 6-Zylinder-Zweitakt-V-Dieselmotor mit Direkteinspritzung | |
| Leistung kW(PS)/min$^{-1}$ | 154(210)/2800 | |
| Hubraum (cm$^3$) | 5220 | |
| **Getriebe** | | |
| | Allison TX-100-1 Sechsgang-Planetengetriebe mit hydraulischem Drehmomentenwandler 6 Vor-, 1 Rückwärtsgang | |

| Allgemeine Daten | | |
|---|---|---|
| Gesamtmaße (L x B x H) (mm) | 6580 x 2690 x 2740 | |
| Auflagelänge der Kette (mm) | 2820 | |
| Spurweite (mm) | 2160 | |
| Kettenbreite (mm) | 381 | |
| Bodenfreiheit (mm) | ca. 410 | |
| Wattiefe (mm) | schwimmfähig | |
| Leergewicht (mm) | 8055 | 6860 |
| Gefechtsgewicht (kg) | 11.685 | 10.700 |
| Höchstgeschwindigkeit (Straße) (km/h) | 64 | |
| Bewaffnung | Lade-/TrspFz 2 FK | Lenkraketen-werfer 1 FK |
| Besatzung | 2 | 6 |

## 9.2 Lenkwaffensystem Pershing

Von 1963–1967 erhielt die Luftwaffe das taktische ballistische Lenkflugkörpersystem großer Reichweite **Pershing**. Die Bundeswehr passte sich damit ihrem amerikanischen Verbündeten an, der bereits seine Truppenteile mit dem System auszurüsten begann.
Die zweistufige, trägheitsgelenkte Feststoffrakete hatte eine Länge von 10.550 mm und einen Durchmesser von 1020 mm. Startgewicht 4,56 t, Einsatzreichweite 185-740 km, maximale Flughöhe 180 km. Die Flugzeit betrug bei einer Geschwindigkeit von Mach 8,5 bei Brennschluss und minimaler Reichweite 6 min., bei maximaler Reichweite 8 min. Es konnten konventionelle und unter der Verfügungsgewalt der US-Streitkräfte befindliche nukleare Gefechtsköpfe verschossen werden.
Der konventionelle Gefechtskopf wog 354 kg.
Jede Flugkörperstaffel verfügte über:

- 1 Transport-, Aufrichte- und Werferfahrzeug mit abnehmbarem Startgestell.
- 1 Montage- und Gefechtskopffahrzeug mit eingeklapptem Kran auf der rechten und 1 Transporthelfer für den Gefechtskopf auf der linken Seite.
- 1 Feuerleitfahrzeug mit SEA und Feuerleitkabine.
- 1 Fernmeldefahrzeug mit Funk- und Tropo-Scatter-Ausrüstung, SEA und aufblasbarer Parabolantenne von 2400 mm Durchmesser.

Alle vier Komponenten waren auf dem US-Kettenfahrgestell M 474 E1 verlastet. Die Bundeswehr, die »Pershing« von 1963–1972 nutzte, begann im Sommer 1969 mit der Umrüstung zum Waffensystem »Pershing Ia«, die bis 1972 abgeschlossen wurde.

**Transport-, Aufrichte- und Werferfahrzeug M 474 E1 mit Lenkflugkörper PERSHING. (63)**

**Transport-, Aufrichte- und Werferfahrzeug M 474 E1 bei Prüfarbeiten. Die zweistufige Rakete steht in senkrechter, im Bedarfsfall abfeuerbereiter Stellung auf dem Starttisch. Rechts vom Werfer ein Autokran 5 t glw (6x6) M 543 von International Harvester. (06)**

Pershing-Einheit bei der Montage einer Rakete. Links im Hintergrund das Montage- und Gefechtskopffahrzeug. Bildmitte das Transport-, Aufrichte- und Werferfahrzeug M 474 E1 mit Flugkörper ohne Gefechtskopf und rechts neben dem Werfer das Feuerleitfahrzeug. Im Vordergrund der »deutsche Systemanteil«, der Feuerlöschanhänger Luftschaumspritze 250 l. (13)

# Anhänge

## Anhang 1: Kraftfahrzeugkennzeichnung in der Bundeswehr

Zum Thema Kraftfahrzeugkennzeichen der Bundeswehr sind bedauerlicher Weise nur sehr wenige Informationen verfügbar, deren Zuverlässigkeit darüber hinaus nicht in jedem Fall gewährleistet ist.
§ 23 Absatz 2 der StVZO legt fest, dass das von der Zulassungsbehörde zuzuteilende Kennzeichen ein Unterscheidungszeichen für den Verwaltungsbezirk und die Erkennungsnummer enthält, unter der das Fahrzeug bei der Zulassungsbehörde eingetragen ist. Für die amtlichen Kennzeichen von Fahrzeugen der Bundes- und Landesorgane, des Diplomatischen Korps und bevorrechtigter internationaler Organisationen sind die Unterscheidungszeichen in Anlage IV der StVZO aufgelistet. Die Erkennungsnummern bestehen nur aus Zahlen, die nicht mehr als sechs Ziffern haben dürfen. Die heute geltende Systematik der Kennzeichen wurde mit der Verordnung zur Änderung von Vorschriften des Straßenverkehrsrechts vom 14. März 1956 eingeführt. Sie enthielt bereits das Unterscheidungszeichen **Y** für Dienstfahrzeuge der Bundeswehr.
Mit einiger Sicherheit ist für die Festlegung des Buchstabens **Y** als Unterscheidungszeichen maßgeblich gewesen, dass nur solche Buchstaben Verwendung finden sollten, die weder für Verwaltungsbezirke noch andere Bundes- oder Landesorgane in Betracht kamen, also weder für den Bundesgrenzschutz, die Bundes-Wasser- und Schifffahrtsverwaltung, die Bundesanstalt Technisches Hilfswerk, das Diplomatische Korps noch für bevorrechtigte internationale Organisationen vergeben worden waren und die auch in Zukunft nicht gebraucht würden (in Erwartung der Wiedervereinigung sollen seinerzeit Unterscheidungszeichen für die in Mitteldeutschland gelegenen Verwaltungsbezirke reserviert worden sein). Allein der Buchstabe **Y** erfüllte diese Voraussetzungen und wurde somit als Unterscheidungszeichen der Dienstfahrzeuge der Bundeswehr festgelegt.
Zusätzlich enthält das amtliche Kennzeichen der Dienstfahrzeuge der Bundeswehr neben einem Dienstsiegelabdruck »Zulassungsstelle Bundeswehr« ein **Nationales Unterscheidungssymbol.** Das nationale Unterscheidungssymbol besteht aus den links neben dem Unterscheidungszeichen in waagerechten Streifen untereinander angebrachten Nationalfarben Schwarz-Rot-Gold.
Aus nicht mit letzter Sicherheit zu belegenden Mitteilungen ehemaliger älterer Angehöriger der Bundeswehr soll es ursprünglich der persönliche Wunsch des ersten Bundeskanzlers der Bundesrepublik Deutschland, Dr. Konrad Adenauer, gewesen sein, die Nationalfarben Schwarz-Rot-Gold auf allen amtlichen Kennzeichen zulassungspflichtiger Fahrzeuge anzubringen. Da er für dieses Vorhaben bei den für Verkehrsrecht zuständigen Ländern seinerzeit keine Zustimmung fand, blieb es bei der Abbildung auf den amtlichen Kennzeichen der Dienstfahrzeuge der Bundeswehr.
Später wurde neben anderen Festlegungen diese Bestimmung auch in einem NATO-Standardisierungsübereinkommen zur »Kennzeichnung von Militärfahrzeugen« mit insgesamt 13 anderen Ländern vereinbart.
Das Unterscheidungszeichen **Y** für Dienstfahrzeuge der Bundeswehr wurde mit der Verordnung zur Änderung von Vorschriften des Straßenverkehrsrechts vom 14. März 1956 eingeführt, so dass dem Wunsche von Bundes- und Landesparlamenten und -regierungen, ferner von Bundesbahn, Bundespost, Bundesgrenzschutz und Bundes-Wasser- und Schifffahrtsverwaltung nach besonderer Kennzeichnung ihrer Dienstfahrzeuge durch die in die StVZO neu eingefügte Anlage IV Rechnung getragen wurde. Auch die Bundeswehr und das Diplomatische Korps erhielten hiernach ein Sonderkennzeichen.
Die Erkennungsnummern der amtlichen Kennzeichen der Dienstfahrzeuge der Bundeswehr sind im Allgemeinen sechsstellig. Es gibt jedoch folgende Ausnahmen:

### Fünfstellige Kennzeichen

Kennzeichen in den Abmessungen 140 mm x 116 mm für Fahrräder mit Hilfsmotor und Kleinkrafträder. Für Überführungs- und Probefahrten werden von den Wehrbereichskommandos Kennzeichnungsschilder mit rotem **Y** und roter fünfstelliger Zahlengruppe ausgegeben

### Dreistellige Kennzeichen

Dienstfahrzeuge der Bundeswehr, die in den USA/Kanada für den Betrieb im Land beschafft werden.

### Ein- und zweistellige Kennzeichen

Dienstfahrzeuge des Generalinpsekteurs bzw. der Inspekteure der Teilstreitkräfte oder ihrer Vertreter bei bestimmten Anlässen. (Dienstfahrzeuge des Bundesministeriums für Verteidigung sind keine Dienstfahrzeuge der Bundeswehr.)

Amtliche Kennzeichen an Dienstfahrzeugen der Bundeswehr sind auf Grund einer Ausnahmeregelung in § 60 Abs. 1a der StVZO nicht reflektierend. Die Nummerierung der Kraftfahrzeuge und Anhänger der Bundeswehr durch den Buchstaben **Y** und der sechsstelligen Zahl ist aus Geheimschutzgründen derart erfolgt, dass ihnen die sechsstelligen Zahlen üblicher Weise ohne jedes System zugeteilt werden.

## Anhang 2: Abkürzungsverzeichnis

| | |
|---|---|
| ADLER | Artillerie-Daten, Lage- und Einsatz-Rechnerverbund |
| AMA | Antennen-Mastanlage |
| AMF | Allied Command Europe Mobile Force |
| AP-I | Armor Piercing-Incendiary (Panzerbrechendes Geschoss mit Brandsatz) |
| AP-T | Armor Piercing-Tracer (Panzerbrechendes Geschoss mit Leuchtspur) |
| APU | Auxiliary Power Unit (Zusatzstromaggregat) |
| ARES | Artillerie-Raketen-Einsatzsystem |
| ArtBtl | Artilleriebataillon |
| ATMAS | Atmosphärisches Mess- und Auswertesystem |
| BAAINBw | Bundesamt für Ausrüstung, Informationstechnik und Nutzung für die Bundeswehr (vormals Bundesamt für Wehrtechnik und Beschaffung) |
| BAT | Beweglicher Arzttrupp |
| BDF | Bundesverband des Deutschen Güterfernverkehrs |
| BewBefSt | Bewegliche Befehlsstelle |
| BrGer | Brückengerät |
| BrigPzKp | Brigadepanzerkompanie |
| BriPzArtBtl | Brigadepanzerartilleriebataillon |
| BriPzPiKp | Brigadepanzerpionierkompanie |
| Btl | Bataillon |
| BwB | Bundesamt für Wehrtechnik und Beschaffung (siehe auch BAAINBw) |
| BwDLZ | Bundeswehr-Dienstleistungszentren |
| BwFpS | BwFuhrparkService |
| CCD | Charged Coupled Devices (ladungsgekoppelte Halbleiterelemente) |
| CG-10 | Counter IED-Gerät 10 |
| C-IED | Counter-Improvised Explosive Device |
| CLAMS | Clear Lane Marking System (Markierungssystem) |
| COFDM | Coded Orthogonal Frequency Division Multiplex |
| COP | Combat Outpost |
| D/F-Brigade | Deutsch/Französische-Brigade |
| DEA | Dateneingabe-Ausgabegerät |
| Div | Division |
| DivArtRgt | Divisionsartillerieregiment |
| DivFArtBtl | Divisionsfeldartilleriebataillon |
| DivPiBtl | Divisionspionierbataillon |
| DivPzArtRgt | Divisionspanzerartillerieregiment |
| DivPzAufklBtl | Divisionspanzeraufklärungsbataillon |
| DSO | Division Spezielle Operation |
| EinsKtgt | Einsatz-Kontingent |
| EKKA | Energieversorgungs- und Kampfraumkühlanlage |
| EloGM | Elektronische Gegenmaßnahmen |
| EloKa | Elektronische Kampfführung |
| EPG | Europäische Produktions-Gesellschaft |
| ESB | Einsatzbedingter Sofortbedarf. Jetzt: Sofortinitiativen für den Einsatz |
| EWK | Eisenwerke Kaiserslautern |
| FAC | Forward Air Controller |
| FFB | Faltfestbrücke |
| FGR | Flugabwehrgefechtsstand Roland |
| Fjg | Feldjäger |

| | |
|---|---|
| FK | Flugkörper |
| FlaBttr | Flugabwehrbatterie |
| FlaFü | Flugabwehrführung |
| Flak | Flugabwehrkanone |
| FlaRakSys | Flugabwehrraketensystem |
| FlaRakWaTrg | Flugabwehrraketenwaffenträger |
| FlgLtPz | Fliegerleitpanzer |
| FltPzArt | Feuerleitpanzer Artillerie |
| FltPzMrs | Feuerleitpanzer Mörser |
| FMC | Food Machinery and Chemical Corp. (FMC)/San José (USA) |
| FOB | Forward Operating Base |
| FRR | Flugabwehrraketenfahrzeug Rad |
| FSA | Fahrerhausschutzausstattung |
| FTW | Flugfeldtankwagen |
| FüFltSt | Führungsfeuerleitstelle |
| FüFuPz | Führungsfunkpanzer |
| FüPz | Führungspanzer |
| FWD | Four Wheel Drive |
| GefStdPz | Gefechtsstandpanzer |
| GefÜbZH | Gefechtsübungszentrum Heer |
| Ger | Gerät |
| GerTrgRechnVbuArt | Geräteträger Rechnerverbund Artillerie |
| GMLRS | Guided Multiple Launch Rocket System |
| GraMaWa | Granatmaschinenwaffe |
| GSF | Geschützte Sonderfahrzeuge |
| HFla AFüSys | Heeresflugabwehr Aufklärungs- und Gefechtsführungssystem |
| HFla FüSyS | Heeresflugabwehr Führungssystem |
| HFlaTr | Heeresflugabwehrtruppe |
| HPEM | High-Power-Electro-Magnetics |
| HschBrig | Heimatschutzbrigade |
| hü | handelsüblich |
| IED | Improvised Explosive Device (Sprengfalle) |
| IFAB | Integrierte Feuerleitmittel Artilleriebatterie |
| IRST | Infrarotsuchgerät |
| IWK | Industriewerke Karlsruhe |
| JCB | JCB steht für Joseph Cyril Bamford und ist ein britischer Hersteller von Bau-, Industrie und Landmaschinen |
| JgBrig | Jägerbrigade |
| JPz | Jagdpanzer |
| KanJPz | Kanonenjagdpanzer |
| KHD | Klöckner-Humboldt-Deutz |
| KMW | Krauss-Maffei-Wegmann |
| KorpsPiBtl | Korpspionierbataillon |
| KPA | Kraftstoffpumpanlage |
| KraKa | Kraftkarren |
| KrKw | Krankenkraftwagen |
| KuKa | Keller&Knappich |
| KwK | Kampfwagenkanone |
| KWS | Kampfwertsteigerung |

| | |
|---|---|
| KZO | Kleinfluggerät Zielortung |
| LAPV | Light Armoured Patrol |
| LeFlaSys | Leichtes Flugabwehrsystem |
| leGebH | leichte Gebirgshaubitze |
| Legeplvb | leicht gepanzert luftverladbar |
| legeplvb | leicht gepanzert luftverladbar |
| leKPz | leichter Kampfpanzer |
| lePzH | leichte Panzerhaubitze |
| lePzMrs | leichter Panzer-Mörser |
| Lkw | Lastkraftwagen |
| LL | Luft Lande |
| LUNA | Lufgestützte Unbemannte Nahaufklärungs-Ausstattung |
| MaK | Maschinenbau Kiel |
| MARS | Mittleres Artillerieraketensystem |
| MEADS | Medium Extended Air Defense System |
| MELLS | Mehrrollenfähiges Leichtes Lenkflugkörpersystem |
| MES | Materialerhaltungsstufe |
| MiRPz | Minenräumpanzer |
| MiWuPz | Minenwurfpanzer |
| mKPz | mittlerer Kampfpanzer |
| MLC | Militärische Lastenklasse |
| MLRS | Multiple Launch Rocket System |
| MOU | Memorandum of Understanding |
| mPzH | mittlere Panzerhaubitze |
| MSA | Modulare Schutzausstattung |
| MSS | Modularer Splitterschutz |
| MTW | Mannschaftstransportwagen |
| MuConPers | Multifunktionaler Container für den geschützten Personentransport |
| MULTI | Mechanisierte-Umschlag-Lager-Transport-Integration |
| NschGrp | Nachschubgruppe |
| NHNA | Neues Heer für Neue Aufgaben (Heeresstruktur 5) |
| NschPz | Nachschubpanzer |
| PA | Pressluftatmer |
| PARA | Panzeraufklärungsradar |
| PARS | Panzerabwehrraketenystem |
| PiErkdTrp | Pioniererkundungstrupp |
| PiPz | Pionierpanzer |
| PzAbwLRak | Panzerabwehrlenkrakete |
| PzAbwMinen | Panzerabwehrminen |
| PzAufklBtl | Panzeraufklärungsbataillon |
| PzBrig | Panzerbrigade |
| PzGren | Panzergrenadiere |
| PzGrenBtl | Panzergrenadierbataillon |
| PzGrenDiv | Panzergrenadierdivision |
| PzJgBtl | Panzerjägerbataillon |
| PzJgKp | Panzerjägerkompanie |
| PzJgZg | Panzerjägerzug |
| PzJgZügen | Panzerjägerzügen |
| RakJPz | Raketenjagdpanzer |

| | |
|---|---|
| RASIT | Radar de Surveillance Intermediaire |
| RCIED | Radio Control Improvised Explosiv Devises |
| RCP | Route Clearance Packet |
| REMUS | Rechnergesteuertes einheitliches Mess- und Prüfsystem |
| RiFuMuxPz | Richtfunk Multiplexpanzer |
| RLS | Rheinmetall Landsysteme |
| RMB | Receiver Multiband |
| RMMV | Rheinmetall MAN Military Vehicles |
| RST | Rüstsatz(träger) |
| SaZgM | Sattelzugmaschine |
| SchAbwMinen | Schützenabwehrminen |
| SchrFuPz | Schreibfunkpanzer |
| SchulPz | Schulpanzer |
| Sd Kfz | Sonderkraftfahrzeug |
| SEK M | Spezialisierte Einsatzkräfte der Marine |
| SiE | Sofortinitiativen für den Einsatz |
| Slat-Armor | Gitterabstandspanzerung |
| SOTAC | Special Operations Terminal Attack Controller |
| SpähPz | Spähpanzer |
| sPiBtl | schweres Pionierbataillon |
| sPzH | schwere Panzerhaubitze |
| SSA | Sonder-Schutz-Ausstattung |
| STAN | Stärke- und Ausrüstungsnachweisung |
| StoV | Standortverwaltung. Anfang 2007 wurden alle Standortverwaltungen in Bundeswehr-Dienstleistungszentren (BwDLZ) umbenannt. |
| TACP | Tactical Air Control Party |
| TAFOR | Taktisches Aufklärungssystem Orbit |
| TEP | Truppenentseuchungsplatz |
| TLVS | Taktisches Luftverteidigungssystem |
| TopBttr | Topographiebatterie |
| TrgFzg | Trägerfahrzeug |
| TroLF | Trockenlöschfahrzeug |
| TRP | Turm-Rundblick-Periskop |
| TrÜbPlKdt | Truppenübungsplatz-Kommandanturen |
| TVM | Truppenversuchsmuster |
| UAV | Unmanned Aerial Vehicles |
| URF | Ungepanzerte Radfahrzeuge |
| WaTrg | Waffenträger |
| WBG | Wärmebildgerät |
| WIS | Wehrwissenschaftliches Institut für Schutztechnologien |
| ZF | Zahnradfabrik Friedrichshafen |
| zGG | zulässigem Gesamtgewicht |
| Zkw | Zugkraftwagen |
| ZLK | Zuladungsklasse |

# Anhang 3

## Literaturverzeichnis

### *Bücher und Vorschriften*

Karl Anweiler, Rainer Blank
»Die Rad- und Kettenfahrzeuge der Bundeswehr, 1956 bis heute«
Bechtermünz Verlag, 1998

Karl Anweiler, Jürgen Plate, Manfred Pahlkötter
»Rad- und Kettenfahrzeuge der Bundeswehr in den 90er Jahren«
Motorbuch Verlag Stuttgart, 1997

Lutz-Reiner Gau, Jürgen Plate, Jörg Siegert
»Deutsche Militärfahrzeuge der Bundeswehr und NVA«
Motorbuchverlag Stuttgart, 2001

Jürgen Plate
»Fahrzeuge der Bundeswehr seit 1955«
Motorbuchverlag Stuttgart, 2005

Department of the Army Technical Manual
»TM 9-500, Ordnance Corps Equipment, Data sheets«
September 1962

Department of the Army Technical Manual
»TM 9-2800-1, Military Vehicles«
February 1953

Jürgen Erbe, Peter Preylowski
»Handbuch Ausrüstung Bundeswehr«
Reportverlag Frankfurt am Main, 1997

Lutz-Reiner Gau, Jürgen Plate, Jörg Siegert
»Deutsche Militärfahrzeuge, Bundeswehr und NVA«
Motorbuch Verlag Stuttgart, 2001

R. P. Hunnicutt
»Half-Track, A History of the American Semi-Tracked Vehicles«
Presidio Press Novato, California, 2001

R. P. Hunnicutt
»Bradley, A History of the American Fighting and Support Vehicles«
Presidio Press Novato, California, 1999

R. P. Hunnicutt
»Patton, A History of the American Main Battle Tank, Volume I«
Presidio Press Novato, California, 1984

R. P. Hunnicutt
»Sherman, A History of the American Medium Tank«
Presidio Press Novato, California, 1978

Werner Oswald
»Kraftfahrzeuge und Panzer der Reichswehr, Wehrmacht und Bundeswehr ab 1900«
Motorbuch Verlag Stuttgart, 2003

Klaus Christian Richter (Hrsg.)
»Panzergrenadiere«
Herausgegeben im Auftrag des Freundeskreis der Panzergrenadiertruppe e. V., Munster/Örtze 2004

Ferdinand von Senger und Etterlin
»Taschenbuch der Panzer«
Jahrgang 1 (1954) – 5 (1976)
J. F. Lehmanns Verlag München

Ferdinand von Senger und Etterlin/Wolfgang Schneider
»Taschenbuch der Panzer«
Jahrgang 7 (1990)
Bernard & Graefe Verlag Koblenz

Walter J. Spielberger
Militärfahrzeuge Band 1 »Waffensysteme Leopard 1 und Leopard 2«
Motorbuch Verlag Stuttgart, 1995

Walter J. Spielberger
»Der Weg zum Flak-Panzer Gepard«
Die geschichtliche Entwicklung der deutschen Flugabwehrpanzer
Bernard & Graefe Verlag München, 1982

Frank Lobitz
»Kampfpanzer Leopard 2«
Entwicklung und Einsatz in der Bundeswehr
Verlag Jochen Vollert – Tankograd Publishing, Erlangen, 2009

Wolfgang Flume, Matthias Leckel
»Deutsche Bundeswehr 2012«
Folge 2
CPM Communikation Presse Marketing GmbH,
Sankt Augustin 2003

Wolfgang Flume
»Die Ausrüstung der Bundeswehr 2013«
Folge 4
CPM Communikation Presse Marketing GmbH,
Sankt Augustin 2003

ZDv 64/10
»Abkürzungen für den Gebrauch in der Bundeswehr
- Deutsche Abkürzungen -«
BMVg, Fü S IV 2, Bonn 1995

## *Zeitschriften und Periodika*

»Erkennungsblätter«, Umschau Verlag, Frankfurt a. M.
»Heer«, BMVg, Bonn
»Information für die Truppe«, BMVg, FüS I 3, Bonn
»Luftwaffe«, BMVg, Bonn
»MaK-Defence-Journal«, Krupp-Mak Hauszeitschrift, Kiel ab 1975
»Soldat und Technik«, BMVg FüS I 3 (Hrsg.), Bonn
»Strategie & Technik«, Report Verlag GmbH Frankfurt a. M.
»Europäische Sicherheit & Technik«, Mittler Report Verlag GmbH, Bonn
»Truppenpraxis«, BMVg, Bonn
»Wehrtechnik«, Wehr und Wissen Verlagsgesellschaft mbH, Koblenz-Bonn
»Wehrtechnische Reports«, Report Verlag GmbH, Bonn und Frankfurt a. M.

## Dank

An dieser Stelle möchte ich mich bei all jenen bedanken, die mir bei der Erstellung des Buches in jedweder Form geholfen und mich unterstützt haben.
Stellvertretend für alle Ungenannten geht mein Dank an Frau Anne Heinrichs, Frau Birgit Klima und Frau Renate Resmini, sowie an die Herren Hans-Joachim Drost, Bodo Hartmann, Joachim Hüners, Jörg-Dieter Koch, Oberstleutnant Frank Dieter Lobitz, Oberst a. D. Dr. Dieter Lützelberger, Holger Murken, Florian Naggies, Bernhard Neef, Michael Jerchel (†), Lothar Simon und Uwe Ullmann.
Mein besonderer Dank geht jedoch an Uwe Hellmann, Manfred Pahlkötter, Carl Schulze, Michael Köditz und Ralph Zwilling, die mir mit Wort, Bild und Rat uneingeschränkt geholfen haben.
Mein Dank geht auch an die Archive, Dienststellen der Bundeswehr und Firmen, die mit Informationen und Material geholfen haben:
Artillerieschule des Heeres – Idar-Oberstein, Bundesamt für Ausrüstung, Informationstechnik und Nutzung für die Bundeswehr – Koblenz (vormals Bundesamt für Wehrtechnik und Beschaffung), Heeresflugabwehrschule – Rendsburg, Informations- und Medienzentrale der Bundeswehr – St. Augustin, Logistikschule der Bundeswehr – Garlstedt, Militärarchiv-Bundesarchiv – Freiburg, Militärhistorisches Museum der Bundeswehr – Dresden, Panzertruppenschule – Munster, Pionierschule und Fachschule des Heeres für Bautechnik – Ingolstadt, Wehrtechnische Dienststelle für Kraftfahrzeuge und Panzer (WTD 41) – Trier, Wehrtechnische Dienststelle für Pionier- und Truppengerät (WTD 51) – Koblenz, Wehrtechnische Studiensammlung der Bundeswehr (WTS) – Koblenz.
Flensburger Fahrzeugbau GmbH – Flensburg, Krauss-Maffei Wegmann GmbH & Co KG – München, Rheinmetall Landsysteme GmbH – Kiel und Kassel.

Kiel, im März 2015

Jürgen Plate